Practice of CASINO GAME

카지노게이밍 실무론

육풍림 · 강만호

백산출판사

머리말

카지노 실무란 딱히 어떠한 것이 표본이 될 수 없는 것이 사실이다.

20년 넘게 카지노란 직종과 관련해 있으면서 가장 안타까웠던 부분 중의 하나가 제대로 된 카지노 실무 교본과 올바른 카지노 운영이론의 부재였다.

1987년에 처음 카지노에 입사하여 오랜 시간 카지노에 관련된 외국전문 교본(敎本)과 서적(書籍)들을 나름대로 습득하였고, 1999년 우연찮은 기회에 여러분들과 작업하면서 모아두었던 자료와 영업부에서 근무하던 당시의 기억들을 되살리고 조각조각 모아 겨우내 한 권의 책자를 만들었다. 하지만 절대적인 시간 부족과 자료 수집의 열악한 조건 및 환경 등으로 인하여 내가 원하고 저술하고 싶었던 내용을 마음껏 기록하지 못한 아쉬움이 남는다.

그나마, 국내에서는 아직까지 누구도 서술하지 못했고, 텍스트(Text)로 알리지 못했던 카지노 운영원리와 마카오 카지노 산업 및 현황에 대해서 조금이라도 풀어 놓았다는 것에 일말의 위안을 얻는다. 본서를 기초로 나의 부족하고 정렬되지 않은 논리를 글 솜씨 좋은 후학들이나 후배들이 제대로 풀어서 차후에 멋진 책자가 한 권 발간되기를 소망한다.

본서는 모두 11장으로 구성되어 있다. 1장은 카지노산업의 현황에 대해서 기술하였으며, 2장과 3장은 카지노 기초 실무에 가장 필요한 Chips Work와 Cards Work에 대하여 그림과 함께 설명을 하였고, 4장부터 카지노 영업장에서 가장 많이 운영되고 있는 카지노 테이블게임에 대해서 설명하였다. 또한, 우리나라 카지노 영업장에서 로열티(Royalty)를 주고 운영되고 있는 몇 개의 게임 종류를 10장에서 소개하였으며, 카지노 영업장에서 가장 많이 사용(使用)하고, 반드시 익혀 두어야 할 카지노용어를 추려서 11장에 기술하였다. 또한 부록으로 세계 23

대 카지노와 우리나라 카지노업체 및 현황을 간추려 놓았다.

많이 미비하고 구석구석 부족함이 보이지만 카지노에 관심이 있고, 또 카지노에 종사하는 분들과 전공 학생들에게 유익했으면 하는 바람이며, 본서의 미비한 부분은 시간이 허락되면 다시 보완하기로 하고, 카지노게임 및 기초 실무내용을 여기 조심스럽게 펼쳐본다. 또한 부록으로 세계 23대 카지노와 마카오 카지노 현황, 그리고 우리나라 카지노업체 및 현황을 간추려 놓았다.

저자 육풍림

차 례

BLACK JACK GAME ● 158

BACCARAT GAME ● 197

CARIBBEAN STUD POKER GAME • 229

07

TAI-SAI GAME • 249

08

BIG WHEEL GAME • 259

09

기타 게임 • 267

카지노용어 해설 • 297

부 록 • 321

참고문헌 • 339

카지노산업의 현황과 분석

#01 카지노산업의 현황과 분석

제1절 카지노산업의 개념

도박의 역사는 인류의 시원으로 거슬러 올라갈 만큼, 도박은 인간에게 성적 욕망처럼 강렬한 것으로 인식되어 왔다. 고대 이집트 신화에서도 섹스와 도박이 비슷한 특성을 지니고 있는 것처럼 묘사하고 있으며, 이슬람교는 도박과 음주를 가장 큰 죄악으로 간주하여 엄격히 금지하고 있다.

특히, 고대 그리스인들은 도박을 가장 큰 죄악으로 여겼다. 그러나 최근 전 세계적으로 도박게임을 레크리에이션의 한 형태로, 또는 소득증대 및 경제부흥책의 하나로 인식하는 추세가 확산되고 있다. 즉, 카지노게임이 이런 목적달성에 적합한 분야로 인식되고 있다는 것이다. 기존의 사회과학적 관점에서는 카지노와 경마 등 도박게임(Gambling)을 사회와 개인에게 나쁜 영향을 미치는 사회적 일탈행위로 간주하였다. 즉 도박게임은 비도덕적이고, 노동과 보수, 사회적 정의 등의 전통적 가치와 양립할 수 없으며, 불가피하게 조직범죄 및 정치적 타

13

락과 연계될 수 있고, 충동적인 도박을 야기함에 따라 추가적인 사회적 비용을 유발하는 등 악영향이 많다는 것이다.

하지만 다른 측면에서의 도박게임은 스포츠행위와 놀이의 기능적 요소를 갖고 있는 인간의 놀이행위(Play)의 하나로 간주되기도 한다. 즉 우리나라의 경우, 같은 도박게임이라 하더라도 경마나 경륜과 같은 게임은 스포츠행위로 인정되어 법적으로 허용하고 있는 반면, 내국인의 카지노게임은 도박행위로 간주되어 법으로 엄격히 금지하고 있다. 이것은 카지노가 경마나 경륜보다 더 도박성이 강하다는 사회적 통념에 기인한 것이라 할 수 있다. 그렇기 때문에 도박게임을 사회적 관습(慣習) 내에서 어떻게 어느 정도로 수용해야 할 것인가 하는 문제에 대해 찬반양론의 관점에 따라 다양한 논의가 제기되고 있다.

반면에 도박게임을 즐기고자 하는 개인의 욕구를 공공권력이 제한하는 것이 바람직한지, 바람직하다면 어떤 수준으로 제한하는 것이 개인 및 사회의 편익을 극대화 시킬 수 있을 것인지에 대한 논의가 제기될 수 있다. 예컨대, 경마장과 경륜장 방문을 허용하면서 카지노 출입을 금지하는 것은 이러한 업종을 법으로 허용하느냐 하지 않느냐라는 근본적인 문제를 야기한다. 이것은 게임행위가 음주나 문화 활동 등과 같이 사적인 영역에 속한 행위이기 때문에 권력이 사적 영역을 침범하는 것은 바람직하지 않다는 것과 맥락을 같이한다고 할 수 있다. 특히 외국인에게는 카지노 출입을 허용하고 내국인에게는 불허하는 이중적인 정책에는 간과할 수 없는 문제가 있다. 외국인에게는 허용한 일이 내국인에게는 왜 허용되지 않느냐는 단순이론을 넘어서, 카지노는 자칫 인간의 심성에 악영향을 미치고 재산상 손실을 줄 수 있기 때문에 내국인의 출입을 금지해야 하지만, 외국인은 우리 국민이 아니기 때문에 무방하다는 식의 발상은 자칫 국수주의적이고 이기적인 태도라는 비난을 받을 수도 있기 때문이다. 혹자는 궁극적으로 사적 영역에 속하는 카지노게임 참가여부는 개인이 자유롭게 선택할 수 있도록 하는 것이 바람직하다는 주장을 펴고 있다.

카지노(Casino)란 용어는 이탈리아어의 까사(Casa)에서 유래되어 고대 도시 국가인 그리스에서 위락관광으로 쇼와 무녀 그리고 도박이 성행하면서 바로 이 도박이 1823년에 모나코의 몬테카를로에서 1829년에 미국의 라스베이거스(Las Vegas)로 유입되어 갬블링(Gambling)으로 정착된 이래 세계 각국으로 카지노가 확대되었다.

현재 우리가 사용하고 있는 갬블링(Gambling)이라는 단어는 앵글로 색슨어에서 유래되어 스포츠나 플레이(Play)의 뜻을 가지고 있다. 각 국가별로 카지노산업이 미치는 영향은 지대하다.

미국과 같은 나라는 황량한 사막 위에 카지노 르네상스를 일으킨 신화를 자랑하고 있으며, 카지노산업을 도입한 국가들의 경우 이것이 국가의 수익에 일익을 담당한다고 해도 틀린 말이 아니다. 우리나라의 도박은 중국에서 전해진 것으로 알려져 있다.

우리나라 카지노 설립의 법적 근거가 된 최초의 법률은 1961년 '복표발행현상기타 사행행위단속법'으로 외국인을 상대로 하는 오락시설 기능제공이란 취지 아래 설립되었다.

1967년 국내 최초의 외국인 전용 카지노가 생긴 이래로 2000년 10월에 강원랜드가 개관되어 카지노산업발전에 새로운 전기가 마련되었고, 현재 외국인 전용 카지노 16개 업체와 내국인 출입 가능 카지노 1곳을 비롯하여 총 17개 업체가 영업 중에 있다.

1. 카지노산업의 정의 및 일반적 개념

카지노(Casino)란 도박·음악·쇼·댄스 등 여러 가지의 오락시설을 갖춘 연회장이라는 의미의 이탈리어 '까사(Casa)'가 어원으로 르네상스시대의 귀족이 소유하고 있었던 사교·오락용의 별관을 뜻하였으나 지금은 휴양지·해변·온천·컨벤션·호텔 등에 있는 일반 실내 도박장을 의미한다.

클라크(1987)의 게임사전(The dictionary of gambling & Gaming)에서는 카지노를 "기분전환을 위하여 카지노와 게임 기구 및 게임 장비와 같은 다양한 게임 시설과 장소를 제공하고, 레스토랑, 라운지, 공연장을 포함한 유흥시설을 제공하는 사업"으로 정의하고 있으며, 웹스터사전에 의하면 카지노란 "모임(Meeting), 춤(Dancing) 그리고 특히 전문 갬블링(Professional Gambling)을 위해 사용되는 건물이나 넓은 장소"라고 정의되어 있고, 국어사전에는 "음악·댄스·쇼 등 여러 가지 오락시설을 갖춘 실내 도박장"으로 정의되고 있다. 이렇게 카지노는 여러 가지 의미로 해석되고 있으나 현대의 카지노는 일반적으로 사교나 여가 선용을 위한 공간으로서 주로 갬블링(Gambling)이 이루어짐과 동시에 테마파크 형성으로 다양한 볼거리를 제공하는 장소로도 변모하고 있다.

2. 카지노의 관광산업적 개념

카지노는 관광산업의 발전과 크게 연관되어 있으며, 특히 대다수의 카지노는 특급 관광호텔 내에 위치하여 관광객에게 게임·오락·유흥을 제공하여 체재 시간을 연장시키고, 관광객의 지출을 증대시키는 관광산업의 중요한 사업 중의 하나로 자리매김 하고 있다. 또한 카지노는 외래 관광객을 대상으로 외화를 획득하여 국제수지개선, 국가재정수입 확대, 지역경제발전, 고용창출 등의 효과를 가져오는 효자 관광산업 부문이라 할 수 있다.

1967년 외화획득과 주한미군을 비롯한 외국인 전용 위락시설에서 출발한 한국 카지노산업이 1990년대의 과도기 과정을 거치고 2000년대에 와서는 외화획득과 더불어 외화유출방지 및 지역경제 활성화, 그리고 지방자치단체의 재원확보, 지역 관광기반 조성과 폐광촌의 지역경제까지 책임지는 고부가 가치산업으로 고용증대에도 큰 공을 세우면서 각 시·도 단체들이 유치를 우선 희망하는 유망산업으로 자리매김하게 되었다.

제2절 **국내 카지노산업의 도입 및 특성**

1. 국내 카지노 도입

국내의 카지노 도입은 우리나라보다 3~4년 일찍 도입한 필리핀으로부터 카지노 기초 실무 동작이나 게임 진행 스킬 및 영업기술 등을 전수받았다. 반면에 1972년에 카지노를 처음 도입한 말레이시아는 우리나라 카지노의 선발업체인 인천 올림포스카지노에 2년간의 위탁경영을 의뢰하여 왔고, 올림포스카지노 임직원들은 처음으로 카지노 인력을 수출하였다. 하지만 여러 가지 사정에 의하여 1년간의 위탁경영만을 하고 귀국하였다. 전 세계적으로 카드 딜링 형태는 국가별로 조금씩 다르다.

특히, 우리나라에 처음으로 딜링기술을 전수한 필리핀은 현재 국내 카지노업체에서 사용하고 교육하는 딜링기술과는 사뭇 다른 점이 많다.

단편적인 예로 블랙잭 딜링 시, 우리나라는 엄지와 검지, 중지를 사용하는 일명 권총자세의 카드 파지법으로 카드 등을 분배(Divide)하나 당시 필리핀의 카지노 실무자들은 모두 카드 모서리의 끝을 엄지와 검지만을 사용하여 파지하는 딜링법을 구사하였었다. 지금도 필리핀에서는 이러한 카드 분배형태를 사용하고 있다. 또한 미국 등 유럽권에서는 1덱(Deck) 핸드 딜링을 하는 카지노가 많으며, 외국의 카지노 아카데미에서는 이러한 1덱(Deck) 핸드 딜링 손동작을 공식적으로 가르치고 있다. 이것은 각국 국민의 체형에 따른 카지노 딜링법이므로 어느 것이 옳다고 꼬집어 말하기는 어렵다.

2. 카지노산업의 특성

우리나라 카지노산업은 17개 업체 중 한 곳을 제외한 16개의 업체가 외국인 전용 카지노이고, 이집트, 네팔, 모로코 등과 같이 외국인에게만 카지노 출입을 허용하고 있으며, 다음과 같은 특징이 있다.

1) 카지노산업의 제공기능

우선적으로 외래 관광객을 위한 게임장소의 제공과 오락시설의 제공기능이다. 이러한 게임과 오락 제공이라는 두 가지 서비스는 우리나라 카지노업의 기본적 기능이라 할 수 있다.

2) 경제적 파급효과

카지노산업의 경제적 파급효과는 타 산업에 비해 높게 나타난다. 카지노산업의 외화가득률(93.7%)과 수출산업의 외화가득률(반도체 : 39.3%, TV : 60.0%, 승용차 : 79.5%)을 고려하여 카지노 외화수입의 수출가치를 비교해 볼 때 카지노 외래객 1명의 유치는 반도체 76개 또는 컬러 TV 4대를 수출한 것과 동일하며 카지노 외래객 11명 유치는 승용차 1대를 수출한 것과 동일한 효과를 갖는다.

3) 고용 창출효과

1년 365일 연중무휴와 24시간 3부제 교대근무를 실시하며, 일정한 시설만 갖추고 영업하는 순수한 인적 서비스 상품으로 고용승수를 분석해 보면 수출산업인 섬유 가죽업, TV부문, 반도체산업, 승용차산업에 비하여 훨씬 높은 것으로 분석되었다.

4) 최고의 실내 관광상품

카지노업은 옥내의 실내 유기장에서 이루어지는 영업으로 악천후 시 야기되는 옥외 관광상품의 대체상품으로써 상품의 한계가 거의 없다고 할 수 있다.

야외 관광상품의 경우 날씨에 민감하고, 교통사정 등에 의해 취소 등의 여러 상황이 발생할 수 있으나, 호텔 내의 카지노는 실내에서 행하는 여가활동이므로 언제든 이용이 가능하고, 기후에 대한 한계성을 극복할 수 있는 좋은 대체 관광상품이라 할 수 있다. 또한 24시간 연중무휴로 영업하므로 야간 관광상품으로도 이용될 수 있다는 강점을 가지고 있다.

5) 지출액 증가 및 체류기간 연장

관광객 1인당 지출액($892) 중 카지노에서의 지출액($571)은 약 64%를 차지하여, 카지노호텔에서 카지노 이용객의 숙박 및 식·음료 지출비용이 차지하는 비중이 매우 크며, 이용객의 체류기간 연장의 효과도 있으므로 호텔 영업 및 지방자치 수익에 대한 기여도가 높다.

또한, 카지노 고객은 호텔의 객실, 식음료, 유흥시설, 기타 부대시설을 이용하기 때문에 호텔의 매출액을 추가로 증가시키므로 호텔의 영업신장에 크게 기여한다.

제3절 카지노산업 유치의 필요성

카지노는 인간들의 승부적·사행적 본능과 열정이 치열하게 경합하는 유기 오락부문의 물적 복합체로서, 카지노가 제공하는 게임의 흥미로움은 단순한 오락 자체로 끝나지 않고, 개인의 무절제와 사회의 물의를 불러일으킬 위험성까지 연결되는 경우가 많기 때문에 엄격한 법의 규제를 받지 않을 수 없으며, 그 속성이 자칫 유발할 수 있는 보이지 않는 부분에 대한 부정적 인식이 증폭되고 있는 것도 사실이다.

특히 카지노산업은 관광산업 중 다른 부분과는 달리 허가조건 및 영업형태가 특수하기 때문에 국내에서는 많은 논란이 되고 있으며, 아직까지도 일반인에게는 잘 알려지지 않은 특수한 산업구조를 가지고 있다.

이에 많은 국민들은 카지노산업에 대한 부정적 인식으로 일관하게 되었고 대다수 국민의 카지노산업에 대한 이러한 편견이 카지노산업 발전에 큰 걸림돌이 되어왔던 것이다. 어느 나라나 도입시기에 저항과 부작용이 있기 마련이겠지만 미국의 경우는 안정적 발전을 이루어 이제는 저녁시간 가족동반 형태의 여가활동으로 정착하게 되었고, 호주, 독일, 스페인을 비롯한 많은 나라가 제도적 안전장치를 장려하고 있으며, 영국은 항공기 좌석에 스크린을 부착하여 항공기 내에 카지노를 도입하고 있다.

특히 동남아의 도덕국가로 자리매김하고 있던 싱가포르(Singapore)도 말레이시아(Malaysia)의 겐팅하일랜드(Genting Highland)와 공동 투자하여 대형 프로젝트를 추진하여 센토사 월드 리조트(World Resort Sentosa)를 2010년 상반기 센토사 섬(Sentosa Island)에 5개의 대형 호텔 및 할리우드(Hollywood), 카지노(Casino), 테마파크(Theme Park) 등이 순차대로 오픈하였다.

2009년 5월 필자는 HRD(한국산업인력공단)의 한국 카지노 인력 수출이라는 프로젝트의 자문교수로 싱가포르(Singapore)의 센토사 월드 리조트(World Resort Sentosa)의 관계자들을 직접 만나 대화를 나누고 진행하는 과정을 살펴본바, 규모나 메인시설, 그리고 투자 면 등에서 참으로 대단하다는 느낌을 숨길 수 없었다.

우여곡절 끝에 우리나라의 카지노 인력도 일정 인원이 현재 싱가포르에 취업하여 근무하고 있지만 필자가 당시 센토사 관계자들에게 강력하게 전한 한국 카지노 인력의 우수성과 특별함들이 차후에 싱가포르 카지노 관계자들의 한국 방문으로 이어졌지만 센토사 카지노에 지원한 대부분의 지원자들이 탈락한 것은 국내 카지노 전·현직 종사자들의 절대적 약점인 외국어(싱가포르는 영어권)를 극복하지 못한 것이 가장 큰 문제점으로 나타났었다.

자본주의 사회에서 수요를 쫓아 이윤을 창출하는 서비스산업의 일부분으로서 카지노산업의 사업주체가 법의 규정사항을 철저히 준수하고 국민정서와 미풍양속을 거스르지 않는 안전장치 위에서 합당한 이익을 추구한다면 카지노산업의 가치와 효과를 국민 모두가 누릴 수 있게 될 것이다.

싱가포르 전경

센토사 월드 리조트 조감도

제4절 국내 카지노산업의 현황

1. 국내 카지노산업의 발전과정

국내 카지노업체는 1967년 국내에서는 최초로 인천 올림포스호텔 카지노를 처음으로, 이듬해 1968년 서울 워커힐호텔 카지노가 연이어 개장하면서 국내의 본격적인 카지노산업이 시작되었다. 그 후로 1970년대에 4개의 카지노가 개장되었는데 1971년 속리산관광호텔 카지노, 1975년 제주 칼(Kal)호텔 카지노, 1978년 부산 해운대파라다이스 카지노, 1979년 경주 코오롱호텔 카지노가 개장하였으며, 1980년대에는 2개의 카지노가 개설되었는데 1980년에 설악 파크호텔 카지노, 1985년에 제주 하얏트(Hyatt)호텔 카지노가 각각 개장되었다.

가장 많은 카지노가 개장되었던 시기는 1990년대 초인데 이때 무려 6개의 카지노가 개업하였으며, 이때 개업한 카지노는 모두 제주특별자치도 지역이다. 특히 1990년 한 해에 4개의 카지노가 개장하였는데 제주 남서울호텔 카지노를 필두로, 제주 오리엔탈호텔 카지노, 제주 그랜드호텔 카지노, 제주 서귀포 칼(Kal)호텔 카지노가 오픈하였으며, 다음해인 1991년에 2개의 카지노가 제주에서 개업하였는데 제주 신라호텔 카지노(서귀포)와 제주 라곤다호텔 카지노가 차례로 허가를 받아 개업하였다. 제주의 6개 카지노 중에서 4개는 제주특별자치도 제주시에 주재하는 호텔이며, 2개는 제주특별자치도 서귀포 중문 관광단지에 위치한 호텔로 개장되었다.

2000년대에 우리나라에서는 처음으로 강원도 정선군에 내국인 카지노가 개장하였는데 허가의 취지는 석탄산업의 사양화로 인해 낙후된 폐광지역경제를 활성화시켜 지역 간 균형 있는 발전을 도모하고, 지역주민의 고용창출에 기여하여 생존권을 보장하는 데 목적을 두었다.

이에 2000년에 처음으로 내국인 출입 카지노인 강원랜드 스몰카지노(Small Casino)가 개장되었고, 2003년에 강원랜드 메인 카지노(Main Casino)를 오픈하였다.

2006년에는 정부출자로 한국관광공사 자회사인 그랜드코리아레저㈜ 세븐럭카지노 3지점이 개장하면서 우리나라도 본격적인 정부 운영 카지노국가로 탄생된 셈이었다. 세븐럭카지노 3지점 중 2006년 1월에 세븐럭카지노 코엑스센터점(강남점)이, 5월에 세븐럭카지노 밀레니엄 힐튼점(강북점)이, 6월에 세븐럭카지노 롯데점(부산점)이 각각 오픈하였다.

한국 카지노산업의 역사는 원래 총18개의 카지노가 개장되었으나 1971년도에 국내에서는 세 번째로 개장한 속리산관광호텔 카지노가 내국인 출입과 경영문제 등의 우여곡절 끝에 1996년도에 폐장하였다. 따라서 정확히 얘기하자면 국내의 카지노는 총 18개 업체가 개장되었으나 속리산관광호텔 카지노가 폐업됨에 따라 현재는 총 17개의 카지노가 운영되고 있는 것이다.

[표 1-1] 연도별 카지노업체 개업 현황

구 분	카지노업체별 개업연도
1960년대	·1967년 인천 올림포스호텔 카지노 개장(국내 최초) ·1968년 서울 워커힐호텔 카지노 개장
1970년대	·1971년 속리산관광호텔 카지노 개장(1996년 폐장) ·1975년 제주 칼(Kal)호텔 카지노 개장 ·1978년 부산 해운대 파라다이스호텔 카지노 개장 ·1979년 경주 코오롱호텔 카지노 개장
1980년대	·1980년 설악 파크호텔 카지노 개장 ·1985년 제주 하얏트(Hyatt)호텔 카지노 개장
1990년대	·1990년 제주 남서울호텔 카지노 개장 　　　제주 오리엔탈호텔 카지노 개장 　　　제주 그랜드호텔 카지노 개장 　　　제주 서귀포 칼(Kal)호텔 카지노 개장 ·1991년 제주 신라호텔 카지노 개장 　　　제주 라곤다호텔 카지노 개장
2000년대	·2000년 강원랜드 스몰카지노 개장(내국인 출입 카지노) 　　　2003년 강원랜드 메인카지노 개장 ·2006년 세븐럭카지노 코엑스센터점(강남점-1월) 개장 　　　세븐럭카지노 밀레니엄 힐튼점(강북점-5월) 개장 　　　세븐럭카지노 롯데점(부산점-6월) 개장

2. 폐광지역개발지원에 관한 특별법

　　강원랜드는 백운산 해발고도 883m의 고원지대에 위치하고 있으며 국내에서는 유일하게 내국인이 출입할 수 있는 카지노이다. 폐광지역 발전과 국가 경쟁력 제고를 위해 정부와 강원도가 주도하여 "탄광지역개발 촉진지구 개발계획"의 일환으로 조성되었고, 1994년 "지역균형개발 및 지방중소기업육성에 관한 법률" 제정·공포 이후, 1995년 12월 29일에 "폐광지역개발지원에 관한 특별법"을 제정하였고, 1996년 4월 6일에 시행령을 제정·공포하였다.

　　"폐광지역개발지원에 관한 특별법"의 주요내용은 첫째로 이 지역을 폐광지역 진흥지구로 지정, 이 지역에 개발계획을 수립하며, 둘째로 개발계획에 포함된 지역에 대해서는 자연녹지 8등급지역이라도 개발할 수 있도록 하였으며, 도지사가 진흥지구의 환경보전 및 폐광으로 인한 환경오염을 해소하기 위하여 "폐광지역 환경보전계획"을 수립토록 하는 한편, 환경영향평가협의권을 도지사에게 위임하였다. 셋째로 진흥지구 안에서 개발사업을 원활히 추진하기 위하여 산림법에 의한 보전임지의 전용허가 또는 협의에 관한 기준의 특례를 정할 수 있도록 하였으며, 개발사업시행에 필요한 범위 내에서 국유림을 대부 내지 사용, 허가할 수 있도록 하였으며, 넷째로 가장 핵심이 되는 폐광지역 중 경제사정이 특히 열악한 지역 1개소에 한하여 "내·외국인 출입이 가능한 카지노업"을 허가할 수 있도록 하였다. 다섯째로 사업시행자는 개발사업의 시행으로 인하여 발생하는 이주민의 이주대책을 수립하고, 이주민들을 우선 고용하도록 하였고, 이 지역에서 생산되는 공산품·농산물·축산물 등을 우선 구매하도록 하였다. 여섯째로 통상산업부장관(통상산업부, 1996년 → 산업자원부, 1998년 → 현 지식경제부로 통합, 2008년)은 진흥지구의 대체산업 육성을 위한 지원계획을 수립하는 한편, 지방자치단체의 열악한 재정여건을 보완하기 위하여 개발사업에 대한 국가 보조비율을 상향 조정토록 하였다. 특히 이 법에서 낙후된 폐광지역을 고원

관광지로 개발하기 위하여 국내 처음으로 내국인 출입이 가능한 카지노산업을 허가할 수 있도록 하였고, 반면에 사행심 조장 및 범죄발생 등을 예방하고, 공공성 및 효율성 확보를 위하여 공공부문과 민간부문이 공동출자로 설립된 법인에 의해 추진하도록 하였으며, 필요한 경우에는 출입제한 등 영업에 관한 제한을 할 수 있도록 하였다.

이를 토대로 1998년 6월에 강원랜드㈜를 설립하였고, 1999년 9월에 스몰카지노호텔을 착공하여 2000년 10월에 개장하였다. 처음 스몰카지노가 오픈될 당시에는 테이블게임 30대와 슬롯 머신 500대가 설치되었으며, 게임 룸(Game Room)은 1층과 2층으로 나뉘어 있었는데 1층에는 일반 게임 룸이 있었고, 2층에는 VIP룸을 운영하였다. 당시 스몰카지노호텔은 199개의 객실 룸(Guest Room)을 보유하고 있었다.

이어 2003년 4월에는 메인 호텔과 카지노, 테마파크를 개관하였고, 2004년 8월에 하이원 스키장을 착공하였으며, 2005년에 골프장 개장, 2006년 12월에 하이원 스키장과 콘도를 개장하였다. 현재는 호텔, 스키장, 골프장, 카지노 시설을 갖춘 대규모 종합 위락시설로서 '하이원리조트(High 1 Resort)'라는 명칭으로 운영하고 있다. 2010년 현재 강원랜드카지노는 7개의 테이블게임을 운영하고 있으며, 게임 테이블 대수는 총 132대(블랙잭 49대, 바카라 61대, 룰렛 10대, 빅 휠 2대, 다이사이 4대, 캐리비언 스터드 포커 4대, 카지노 워 2대)이며, 머신게임은 총 960대(비디오 머신 615대, 릴 머신 345대)를 운영하고 있다. 연면적 27,291㎡으로 국내 최대 규모이다.

강원랜드는 지식경제부 산하 한국광해관리공단과 강원도에서 설립한 강원도개발공사, 그리고 4개 지방자치단체 등 공공부문이 51%의 지분을 보유하고 있다. 하이원리조트를 중심으로 강원랜드카지노, 강원랜드호텔, 하이원스키, 하이원C.C, 하이원호텔, 하이원테마파크, 밸리콘도, 마운틴콘도 등으로 구성되어 있다. 2001년 10월에 코스닥에 등록하였으며, 2003년 9월 증권

거래소에 상장하였다.

강원랜드 전경

강원랜드 야경

강원랜드 카지노 내부 ①

강원랜드 카지노 내부 ②

[표 1-2] 강원랜드카지노 현황 및 매출실적

■ 현 황

● 주주분포현황
 - 공공부문 51%, 외국인 32.19%, 국내기관 6.45%, 기타 5.11%, 자사주 5.24%

■ 공공부분현황(2014년 1월 현재)

(단위: 주, %)

구 분	주식 수	주식비율
한국광해관리공단	72,587786	36.27
강원도개발공사	13,576,214	6.34
정선군	10,486,000	4.90
태백시	2,675,000	1.25
삼척시	2,675,000	1.25
영월군	2,140,000	1.00
합계	109,140,000	51.01

● **조직 및 인원(2014년 1월 15일 현재)**
　- 조직 : 4본부 12실 50팀 1센터 1단

● **카지노 시설**
　- 테이블게임 200대, 머신게임기 1,360대

▦ **매출액 및 입장객**

(단위: 백만 원/명)

구 분	매출액	입장객	1일 평균매출액/입장객
2000.10.28~12월	88,436	209,349	1,360 / 3,221
2001년	453,178	899,590	1,242 / 2,465
2002년	468,520	918,698	1,284 / 2,517
2003년	656,084	1,547,847	1,797 / 4,240
2004년	736,768	1,784,730	2,018 / 4,890
2005년	809105	1,881,559	2,220 / 5,155
2006년	802,101	1,793,746	2,198 / 4,914
2007년	969,933	2,451,920	2,657 / 6,718
2008년	1,065,840	2,914,684	2,920 / 7,985
2009년	1,153,806	3,044,972	3,205 / 8,458
2010년	1,256,850	3,091,209	3,491 / 8,587
2011년	1,186,299	2,983,440	3,250 / 8,174
계	6,049,965	14,402,123	1,847/4,265

※ 자료출처: 한국관광공사, 2013년도 공개 통계자료

3. 국내 카지노업계 현황

　2014년 초 현재 카지노업의 등록업체는 외국인 전용 업체가 16개, 내국인 출입 가능 업체 한 곳으로, 전국적으로 총 17개이다. 이를 지역별로 보면 내국인 출입 업체인 강원랜드가 강원지역에 있으며, 그 외 외국인 전용 업체는 16개로 각 지역별로 분산되어 있는데, 제주지역이 8개 업체로 전체의 50%를 차지하고

있으며, 서울 3개, 부산 2개, 인천, 강원, 경북지역에 각각 1개의 업체가 등록되어 있다.

카지노의 운영형태를 보면 임대운영이 15개 업체, 직영체제운영이 2개 업체로 독립카지노업체가 호텔로부터 카지노시설을 임대하여 운영하는 형태가 월등히 많은 실정이다. 또한 카지노가 설치되어 있는 호텔 대부분은 특급호텔로서 카지노는 호텔 내에서 운영되고 있다.

또한, 최근 한류 열풍과 엔화 상승 등의 영향으로 한국을 방문하는 관광객이 큰 폭으로 늘었고, 이에 따른 여파로 카지노 입장객의 증가와 매출액도 늘어나고 있으며, 갈수록 중국 계열 고객들의 방문이 잦아지는 관계로 앞으로도 카지노 수요는 증가할 것으로 예상된다.

다음은 2009년도 한국관광공사에서 집계한 국내 내·외국인 카지노업체의 여러 현황이다. 아래 표에 나와 있듯이 카지노업체가 미치는 산업효과와 고용효과 등은 지대하다고 할 수 있다.

[표 1-2] 국내 카지노업체 현황

계열 / 그룹	카지노업체명 / 지점	비 고
파라다이스 그룹	워커힐 카지노	서울
	파라다이스 카지노 부산	부산
	파라다이스 인천 카지노	인천
	파라다이스그랜드 카지노	제주시
	파라다이스롯데제주 카지노	서귀포시
그랜드코리아레저㈜ 세븐럭카지노	세븐럭카지노 강남점	서울
	세븐럭카지노 강북점	서울
	세븐럭카지노 부산 롯데점	부산
기타	골든비치 카지노	제주시
	더케이 카지노	제주시
	로얄팔레스 카지노	제주시
	엘 베가스 카지노	제주시
	마제스타 카지노	서귀포시
	하얏트 카지노	서귀포시
	인터불고 카지노	대구
	알펜시아 카지노	강원도 평창
내국인 출입 카지노	강원랜드	강원도 정선

한국관광공사에서 집계한 2009년도 카지노업체 통계자료 상황은 다음과 같다.

① 카지노업체 현황

② 카지노사업자 관광진흥개발기금 부과 현황

③ 연도별 외래객 대비 카지노이용객 현황

④ 연도별 관광외화수입 대비 카지노 매출액

⑤ 국적별 카지노입장객 현황

⑥ 카지노업체 게임시설 현황

[표 1-3] 국내 카지노업체 현황

(2013년 5월 기준)

시·도	업소명 (법인명)	허가일	운영형태 (등급)	대표자	종사원 수(명)	'12 매출액 (백만 원)	'12 입장객 (명)	전용영업장 면적(㎡)
서울	파라다이스워커힐카지노 【㈜파라다이스】	'68.3.5	임대 (특 1)	이혁병	942	372,756	430,275	3,178.4
서울	세븐럭카지노 서울 강남점 【그랜드코리아레저㈜】	'05.1.28	임대 (컨벤션)	신경수	1,363	266,654	396,832	5,380.01
서울	세븐럭카지노 힐튼호텔점 【그랜드코리아레저㈜】	'05.1.28	임대 (특 1)	신경수	472	212,823	912,288	2,811.9
부산	세븐럭카지노 부산 롯데호텔점 【그랜드코리아레저㈜】	'05.1.28	임대 (특 1)	신경수	262	80,516	207,562	2,234.3
부산	파라다이스카지노 부산 【㈜파라다이스글로벌】	'78.10.29	직영 (특 1)	이혁병	307	81,173	104,208	2,283.5
인천	파라다이스 인천 카지노 【(주)파라다이스글로벌】	'67. 8.10	임대 (특 1)	이혁병	343	77,450	44,566	1,311.57
강원	알펜시아 카지노 【(주)코자나】	'80.12.9	임대 (특 1)	심양보	39	670	9,831	689.51
대구	호텔인터불고대구 카지노 【(주)골든크라운】	'79.4.11	임대 (특 1)	김영철	203	15,082	51,548	3,473.37

	더케이 카지노 【(주)엔에스디영상】	'75.10.15	임대 (특 1)	박성호	149	16,385	27,190	2,359.1
	파라다이스그랜드 카지노 【(주)파라다이스제주】	'90.9.1	임대 (특 1)	이혁병	130	37,083	46,748	2,756.7
	마제스타 카지노 【AK벨루가(주)】	'91.7.31	임대 (특 1)	최 철	109	9,754	18,382	1,953.6
제 주	로얄팔레스 카지노 【(주)풍화】	'90.11.6	임대 (특 1)	윤 온	98	15,929	20,319	1,353.18
	파라다이스롯데 제주 카지노 【(주)두성】	'85.4.11	임대 (특 1)	이혁병	148	35,662	35,486	1,205.4
	더호텔엘베가스 제주 카지노 【(주)지앤엘】	'90.9.1	직영 (특 1)	이용식	158	13,129	37,357	1,026.6
	하얏트호텔 카지노 【(주)벨루가오션】	'90.9.1	임대 (특 1)	여운판	74	7,626	17,389	803.3
	골든비치 카지노 【(주)골든비치】	'95.12.28	임대 (특 1)	정희태	131	8,329	23,606	823.9
	16개 업체(외국인 대상)		직영: 2 임대: 14		4,928	1,251,021	2,383,587	33,644.34
강 원	강원랜드카지노 【(주)강원랜드】 (내국인 대상)	'00.10. 2	직영 (특 1)	최흥집	1,697	1,209,332	3,024,511	12,792.95
	17개 업체(내·외국인 대상)		직영: 3 임대: 14		6,625	2,460,353	5,408,098	46,437.29

※ 매출액: 기금부과 대상 매출액을 의미함

[표 1-4] 카지노사업자 관광진흥개발기금 부과 현황

(단위: 백만 원)

구분	2007	2008	2009	2010	2011	2012
파라다이스카지노워커힐	20,040	21,731	25,893	29,048	33,958	36,736
세븐럭(강남)	14,948	18,006	21,658	24,544	26,379	26,125
세븐럭(강북)	9,066	12,902	17,272	16,104	18,351	20,742
세븐럭(부산)	2,702	3,807	5,083	5,076	5,862	7,522
파라다이스 부산	3,523	3,835	5,451	6,505	7,037	7,577
파라다이스 인천	1,192	2,806	4,513	5,828	6,879	7,205
알펜시아 카지노	0.7	0.3	0.5	3	2	7
인터불고호텔대구 카지노	116	161	0	0.6	287	968

제주 더케이 카지노	105	113	1,153	1,455	1,402	1,098
파라다이스그랜드 제주 카지노	596	1,512	2,182	3,154	3,693	3,168
제주 마제스타(신라호텔) 카지노	177	12	0.3	358	866	448
로얄팔레스 카지노	152	478	1,503	1,044	1,640	1,053
파라다이스롯데 제주 카지노	1,883	1,870	2,970	3,069	3,350	3,026
더호텔엘베가스 제주 카지노	333	1,393	2,769	1,601	525	773
제주 하얏트호텔 카지노	0	202	610	462	475	341
제주 골든비치 카지노	385	74	86	1,632	787	376
소계	55,218.7	68,902.3	91,144	99,884	111,493	117,165
강원랜드	96,453	106,054	115,611	125,145	118,090	120,393
합계	151,671.7	174,956.7	206,755	225,028	229,583	237,558

* 제주지역에서 발생한 카지노 납부금은 제주관광진흥개발기금임

[표 1-5] 연도별 외래객 대비 카지노이용객 현황

(단위: 명, %)

연 도	외래관광객 (A)	카지노이용객 (C)	외래관광객 대비 점유율(C/A)	연평균 성장률(%)
1992	3,231,081	680,397	21.1	14.3
1993	3,331,226	650,420	19.5	△4.4
1994	3,580,024	625,865	17.5	△3.8
1995	3,753,197	633,174	16.9	1.2
1996	3,683,779	517,672	14.1	△18.2
1997	3,908,140	518,178	13.1	0.1
1998	4,250,216	689,254	16.0	33.0
1999	4,659,785	694,899	14.9	0.8
2000	5,321,792	636,005	12.0	△8.4
2001	5,147,204	626,851	12.1	△1.4
2002	5,347,468	647,722	12.1	3.3
2003	4,753,604	630,474	13.2	△2.6

2004	5,818,138	677,145	11.6	7.4
2005	6,022,752	574,094	9.5	△15.2
2006	6,155,046	988,715	16.1	72.2
2007	6,448,240	1,176,338	18.2	4.8
2008	6,890,841	1,276,772	18.5	8.5
2009	7,810,000	1,676,207	21.5	31.3
2010	8,798,000	1,945,819	22.1	16.1
2011	9,795,000	2,100,698	21.4	8.0
2012	11,140,000	2,383,587	21.4	13.5

[표 1-6] 연도별 관광외화수입 대비 카지노 매출액

연 도	관광외화수입 (백만 불)(A)	연평균 성장률(%)	카지노외화수입 (천 불)(B)	연평균 성장률(%)	점유율(%) (B/A)
1992	3,271	△4.5	136,351	17.0	4.2
1993	3,474	6.2	173,176	27.0	4.9
1994	3,806	9.5	250,763	44.8	6.6
1995	5,586	46.8	286,342	14.2	5.1
1996	5,430	△2.8	265,560	△7.2	4.9
1997	5,115	△5.8	243,013	△8.5	4.8
1998	6,865	34.2	203,877	△16.1	2.9
1999	6,801	△0.9	251,787	23.5	3.7
2000	6,811	0.1	301,153	20.0	4.4
2001	6,373	△6.4	296,355	△0.8	4.6
2002	5,918	△7.1	327,075	10.4	6.1
2003	5,343	△9.7	334,335	2.2	6.3
2004	6,053	6.6	377,521	1.3	6.2
2005	5,793	△0.8	423,538	12.1	7.3
2006	5,759	△6.2	502,943	18.7	8.7
2007	6,093	8.6	659,866	31.2	10.8
2008	9,719	6.0	731,220	10.8	7.5
2009	9,782	0.6	766,333	4.8	7.8

2010	9,728	△0.5	838,117	9.4	8.6
2011	12,248	25.9	978,556	16.7	8.0
2012	14,176	15.7	1,137,291	16.2	8.0

[표 1-7] 국적별 카지노입장객 현황

(단위: 명)

국적별 업체별	전체 입장객	국 적 별							
		일 본	비율 (%)	중 국	비율 (%)	대 만	비율 (%)	기 타	비율 (%)
워 커 힐	430,275	49,051	11.4	315,924	73.4	3,531	0.8	61,769	14.4
세 븐 럭 (강남)	396,832	101,751	25.6	120,944	30.5	10,948	2.8	163,189	41.1
세 븐 럭 (강북)	912,288	371,651	40.7	274,732	30.1	54,042	5.9	211,863	23.2
세븐럭 (부산)	207,562	153,378	73.9	20,253	9.8	8,096	3.9	25,835	12.4
파라다이스 부산	104,208	46,848	45.0	34,985	33.6	8	0.0	22,367	21.5
파라다이스 인천	44,566	9,744	21.9	22,311	50.1	862	1.9	11,649	26.1
알펜시아	9,831	39	0.4	679	6.9	57	0.6	9,056	92.1
호텔인터불고 대구	51,548	1,245	2.4	24,520	47.6	569	1.1	25,214	48.9
더 케 이	27,190	4,744	17.4	21,028	77.3	135	0.5	1,283	4.7
그 랜 드	46,748	24,516	52.4	20,222	43.3	0	0.0	2,010	4.3
신 라	18,382	3,101	16.9	13,555	73.7	97	0.5	1,629	8.9
로얄팔래스	20,319	4,148	20.4	13,551	66.7	374	1.8	2,246	11.1
롯 데	35,486	7,910	22.3	23,665	66.7	0	0.0	3,911	11.0
엘베가스	37,357	3,828	10.2	29,595	79.2	230	0.6	3,704	9.9
하 얏 트	17,389	787	4.5	16,024	92.2	28	0.2	550	3.2
골든비치	23,606	2,797	11.8	18,830	79.8	0	0.0	1,979	8.4
합 계	2,383,587	785,538	33.0	970,818	40.7	78,977	3.3	548,254	23.0

※ 자료출처: 한국관광공사, 2013년 카지노업체 공개 통계자료

[표 1-8] 카지노업체 게임시설 현황

(2013년 5월 현재)

지역	업 체 명	테이블 게임									머신 게임		총대수
		블랙잭	룰렛	바카라	빅휠	다이사이	포커	카지노워	마작	소계	슬롯머신	비디오게임	
서울	(주)파라다이스 파라다이스 카지노 워커힐	19	7	52	1	1	9	1		90	29	101	9종220대
	그랜드코리아레저(주) 세븐럭 카지노(강남점)	16	5	43	-	1	4	-		69	26	95	7종190대
	그랜드코리아레저(주) 세븐럭 카지노(강북점)	12	9	30	-	2	4	2		59	42	89	8종190대
부산	그랜드코리아레저(주) 세븐럭 카지노(부산점)	9	6	15	1	1	3	-		35	25	55	8종105대
	(주)파라다이스글로벌 부산 카지노	5	3	23	1	-	2	1		35	10	32	8종77대
인천	(주)파라다이스글로벌 인천 카지노	4	1	24	-	1	3	-		33	15	18	7종66대
강원	(주)코자나 알펜시아 카지노	3	1	10	1	1	1	-		17	10	30	8종57대
대구	(주)골든크라운 호텔인터불고 대구 카지노	8	4	21	-	1	9	-		63	10	40	8종113대
제주	더케이카지노 (주)엔에스디영상	4	2	31	-	1	-	-		39	13	9	7종61대
	파라다이스그랜드카지노 (주)파라다이스	3	2	21		1	1			28	52	10	7종90대
	마제스타 카지노 AK벨루가(주)	4	2	12	-	2	1			21	-	-	5종21대
	로얄팔레스 카지노 (주)풍화	4	2	11		1	-			18	13	2	6종33대
	롯데호텔 제주 카지노 (주)두성	4	3	31		1	1	1	-	41	46	2	8종89대
	더호텔엘베가스 제주 카지노 (주)지앤엘	2	1	22	-	1	1	-		27	12	4	7종43대

제주	하얏트호텔 카지노 (주)벨루가오션	2	2	13	1	1	-	-		19	10		6종29대
	골든비치카지노 (주)골든비치	2	1	22	-	1	-	-		26	24	-	5종50대
	소계	101	51	381	6	17	39	5	-	620	337	487	9종1,369대
강원 정선	(주)강원랜드 강원랜드 카지노	49	10	61	2	4	4	2	-	200	400	960	9종1,560대
	합계	150	61	442	8	21	43	7	-	820	737	1,447	9종2,929대

4. 관광진흥개발기금

관광진흥개발기금이란 관광사업을 효율적으로 발전시키고 관광을 통한 외화 수입 증대에 이바지하기 위하여 관광진흥개발기금을 설치하는 것을 목적으로 하며, 이에 정부는 카지노 사업자에게도 관광진흥개발기금을 부과하고 있는데 그 부과금은 다음과 같이 적용하고 있다.

[표 1-9] 기존의 관광진흥개발기금 부과 적용기준

카지노 총매출액	관광진흥개발기금 부과금
10억 원 이하	총매출액 1%
10억 원 초과 100억 원 미만	1,000만 원 + 10억 원 초과분의 5%
100억 원 초과	4억 5천만 원 + 100억 원 초과분의 10%

관광진흥개발기금의 부과금은 매출액에 따라서 달라지는데 총 매출액의 1~10%를 부과하는 것을 원칙으로 하였다.

즉, 10억 원 이하의 매출 카지노는 총매출액의 1%를 부과하고, 10억 원 초과 100억 원 미만은 1,000만 원과 10억 원 초과분에 한해 5%, 100억 원 초과는 4억

5천만 원에 초과금액의 10%를 납부해야 한다고 규정하였다.

하지만 2008년 1월, 정부는 카지노를 개별소비세 과세대상으로 추가하여 순매출의 20%를 세금으로 납부토록 하는 세제개편안을 발표하였다. 즉, 문화체육관광부에서 부과하는 관광진흥개발기금으로 10%, 그리고 개별소비세로 10%를 부과하고자 하였다. 이러한 세제개편은 카지노 선진국들의 예를 들어 세율을 정하고자 한 것이라고 볼 수 있다(미국 24%, 마카오 35%, 캐나다 20% 등).

이에 국내 카지노업체 및 카지노관광업협회의 거센 반발과 아울러 카지노관광업협회 관계자들이 여러 차례 국회에 출석하여 세제부과의 부당성과 형평성, 그리고 현 국내 카지노업체가 처해 있는 여러 경영악화상황 등을 알리려 노력하였고, 특히나 순매출액이 아닌 카지노업체의 영업이익이 발생하였을 때를 기준으로 과세하는 것이 바람직하다며 개선을 호소하였다.

여러 진통과 의견 개진 끝에 결국 기존의 관광진흥개발기금의 부과액은 그대로 유지하면서, 그 대신 500억 원 미만의 매출 카지노는 개별소비세를 따로 부과하지 않고, 누진제를 적용하여 500~1,000억 원 미만의 카지노는 500억 원 이상의 매출액에 대하여 2%를, 1,000억 원 이상은 1,000억 초과 매출액의 4%를 부과하기로 국회 기획재정위원회의 조세법안심사소위원회의 심사를 통과하여 국회 본회의의 상정을 거쳐 2012년 2월부터 시행하기로 결정하였다.

[표 1-10] 2012년 2월 관광진흥개발기금 부과 적용기준

카지노 총매출액	관광진흥개발기금 부과금
500억 원 이하	부과하지 않음
500억 원 초과 1,000억 원 미만	500억 원 초과의 2%
1,000억 원 이상	1,000억 원 초과분의 4%

2008년 부과기준으로 각 카지노사업자의 관광진흥개발기금 부과 현황을 살

퍼보면 내국인 출입 카지노인 강원랜드가 106,054백만 원을 납부하여 카지노업계에서는 가장 많이 납부하였고, 그 외 16개의 외국인 전용 카지노는 워커힐이 21,731백만 원으로 가장 많았고, 세븐럭카지노 강남점이 18,006백만 원으로 그 다음으로 많은 부과를 보였고, 세븐럭카지노 강북이 12,902로 세 번째였다. 지방 카지노는 파라다이스카지노 부산이 3,835백만 원으로 3,807백만 원을 납부한 세븐럭카지노 부산롯데점보다 25백만 원 더 납부하였으며, 2,806백만 원을 납부한 골든게이트 카지노가 그 다음으로 많이 납부하였고, 제주지역에는 파라다이스 계열 2곳이 가장 많이 납부하였는데 제주롯데카지노가 1,870백만 원, 파라다이스 그랜드카지노가 1,512백만 원을 납부하였다. 그 외 제주특별자치도 내 카지노는 제주 엘베가스 카지노가 1,393백만 원을 납부하였고, 제주지역에서는 12백만 원을 납부한 제주신라가 가장 적은 기금을 납부한 것으로 나타났다. 기타 지방에서는 경주 베니스타카지노가 161백만 원을 납부하였고, 3백만 원으로 가장 적게 납부한 카지노는 호텔설악파크카지노로 나타났다.

5. 국내 카지노게임의 종류

카지노게임 중에는 그 역사가 짧게는 몇 년 정도밖에 되지 않은 신종게임도 있지만 대부분의 게임은 수세기의 역사를 지니고 있다. 국내 카지노업체에서 도입하여 운영하고 있는 게임은 주로 8~10여 종이다. 또한 국내 카지노게임 중에는 매월 게임사용 로열티(Royalty)를 지불하는 것도 있다.

[표 1-11] 카지노업의 게임종류(관광진흥법 제35조 제1항 관련)

항 목	게임명	항 목	게임명
1	룰렛(Roulette)	11	조커 세븐(Joker Seven)
2	블랙잭(Black Jack)	12	라운드 크랩스(Round Craps)
3	다이스(Dice, Craps)	13	트란타 콰란타(Trent Et Quarante)
4	포커(Poker)	14	프렌치 볼(French Boule)
5	바카라(Baccarat)	15	차카락(Chuck-A-Luck)
6	다이사이(Tai-Sai)	16	슬롯 머신(Slot Machine)
7	키노(Keno)	17	비디오게임(Video Game)
8	빅 휠(Big Wheel)	18	빙고(Bingo)
9	빠이까우(Pai Cow)	19	마작(Mahjong)
10	판탄(Fan Tan)	20	카지노 워(Casino War)

이 게임은 "KTCS(Korea Technology Casino System) : 한국 카지노기술 시스템"에서 관리·운영하고 있으며, 캐리비언 스터드 포커(Caribbean Stud Poker)와 카지노 워(Casino War), 쓰리카드 포커(Three Card Poker)와 같은 게임의 경우 게임 테이블 1대당 US$995를 게임 사용 로열티로 지불하며 운영하고 있다. 국내 카지노업계에 신고 등록된 게임은 총 20종류로 [표 1-4]와 같다.

카지노업체의 게임 시설별로는 테이블게임의 바카라 366대, 블랙잭 156대, 룰렛 65대로 이 세 종류가 국내 카지노에서 가장 많이 보유한 게임 시설이며, 그 외에 포커 34대, 다이사이 21대, 빅 휠 11대, 카지노 워 6대, 마작 1대로 총 666대가 설치되어 있다. 머신게임은 국내에서는 슬롯 머신과 비디오게임 두 종류로 분류되어 있다.

슬롯 머신과 비디오게임은 내국인 출입 카지노인 강원랜드가 가장 많은 330대와 630대이며, 외국인 전용 카지노는 슬롯 머신이 총 440대와 비디오게임이 총 356대로 모두 합쳐서 슬롯 머신은 770대, 비디오게임은 986대이다.

1. 세계 카지노산업

세계 카지노 시설현황은 2005년 기준으로 120여 개국에 3,342곳이 있는 것으로 조사되었는데, 북미 2개국에 1,568곳(47.3%), 유럽 34개국 1,099곳(33.1%), 중·남미 지역 12개국에 356곳(10.7%), 아프리카 33개국에 143곳(9%), 아시아 18개국에 150곳(3.8%), 오세아니아 7개국에 26곳(0.8%)으로 조사되었다.

하지만 2010년 현재 전 세계 카지노는 약 107개국에서 운영하며, 3,617개의 카지노업체가 등록되어 있으며, 등록되지 않은 카지노업체까지 모두 합하면 이보다 훨씬 많은 것으로 예상된다. 여기서 한 가지 주목할 것은 2005년보다 국가 수는 줄었지만 카지노업체 수는 더 늘어났다는 것이다. 더구나 2000년 초에는 약 2,000여 개의 카지노업체로 조사되었으나 지금은 약 배 가까이 증가하였다.

많은 국가 중에서도 특히 서구 선진국인 미국을 비롯하여 프랑스, 영국, 독일, 캐나다 등은 관광수입이 세계 10위권이면서도 세계 10대 카지노 보유국이기도 하다.

관광수입이 많은 국가에 카지노도 많다고 볼 수 있기에 카지노가 관광수입의 한 부분을 반드시 차지하고 있다는 것으로 해석할 수도 있을 것이다.

[표 1-12] 세계 10대 카지노업체-월드 카지노 디렉터리

순위	국가	카지노 수
1	United States(USA)	1,511개
2	France	189개
3	Russia	169개

4	Netherlands	167개
5	United Kingdom(UK)	144개
6	Canada	110개
7	Argentina	79개
8	Germany	76개
9	Estonia	75개
10	Peru	48개

자료 : 11위 Macao, 카지노 수 35개

　　전 세계적으로 가장 많은 카지노 보유 국가는 단연 미국이다. 그도 그럴 것이 전 세계 카지노의 절반 가까운 수가 미국에 집중되어 있다는 사실이 이것을 뒷받침한다. 또한, 미국은 가장 많은 카지노 보유국이면서 도시 내 카지노가 가장 많이 집중되어 있는 곳이기도 하다. 가장 많은 곳은 한 도시에 무려 122개의 카지노가 집중되어 있으니 미국은 역시 카지노왕국이라 하여도 손색이 없다 하겠다. 아래의 조사에도 나와 있지만 세계의 카지노 집중 도시 10곳 중 5곳이 미국이다.

[표 1-13] 세계 10대 카지노 집중 도시 – 월드 카지노 디렉터리

순위	나라	도시	카지노 수
1	미국	Las Vegas	122개
2	미국	Miami	74개
3	러시아	Moscow	54개
4	에스토니아	Tallinn	40개
5	중국	Macao	35개
6	미국	Deadwood(사우스다코타 주)	29개
7	미국	St. Petersburg(플로리다 주)	28개
8	미국	Henderson (네바다 주)	26개
9	라트비아	Riga	26개
10	영국	London	24개

세계 최대 카지노 포털사이트를 운영하고 있는 월드 카지노 디렉터리(World Casino Directory)에서 발표한 우수하고 훌륭한 세계 20대 카지노 소개를 보면, 예전에는 미국의 카지노가 우수 호텔 및 카지노업체 선발 모델로 대다수를 차지하였지만 근래는 마카오(Macao) 내 카지노가 더욱 각광받고 있는 추세이다. 규모나 시설 면으로나 마카오 카지노가 결코 라스베이거스(Las Vegas) 카지노에 뒤처지지 않는다는 점이다. 그 이유는 미국의 대규모 카지노업체에서 마카오에 대형 호텔 및 리조트 형식의 호텔 건설과 더불어 카지노를 접목시켜 초호화 카지노호텔들을 계속적으로 탄생시키고 있는 작금의 현실을 볼 때 이제 마카오의 카지노가 수적으로는 미국과 비교가 안되지만 규모나 시설 면으로는 미국에 결코 뒤지지 않는다는 사실에 전 세계가 주목하고 있다.

2. 마카오 카지노 산업

1) 마카오 역사

마카오의 정식 명칭은 중화인민공화국 마카오특별행정구(中華人民共和國澳門特別行政區, Macau Special Administrative Region of the People's Republic of China)이다. 마카오는 중국 광둥성(廣東省, Guangdong)의 남부, 주장(珠江) 강 하구 서안(西岸)에 위치해 있는데 홍콩에서 약 60㎞, 중국 광저우(廣州, Guangzhou)에서 약 145㎞ 떨어져 있다. 전체 면적은 26.8㎢로 중국 대륙에 접속한 마카오 반도와 남쪽의 타이파(Taipa)와 콜로안(Coloane) 섬으로 구성되어 있으며, 마카오의 기후는 열대 해양성 기후로 연평균 기온은 23.2℃이다.

1557년 포르투갈인이 해적토벌에 대한 대가로 중국으로부터 마카오 반도를

특별 거주 지역으로 조차(租差)했으며, 1849년 포르투갈은 마카오를 자유무역항으로 선포하고, 마카오 전체 영토를 점령했다. 1887년 중국-포르투갈 우호통상조약(Protocol of Lisbon)이 체결되어 마카오는 정식으로 포르투갈에 영구 할양되었다.

한편 1943년~1945년 제2차 세계대전 중에는 마카오가 일본의 점령으로 일본의 보호령 하에 들어갔었다. 그러다가 1951년 포르투갈은 마카오를 해외령으로 선언(Portuguese Overseas Province)하고 편입했다. 4년 후, 1955년 중국이 마카오 지역에 대한 영토권 문제를 공식적으로 제기하였고, 1979년 포르투갈-중국 간에 외교 관계가 수립되면서부터 마카오에 대한 중국의 영토권이 인정되기에 이른다.

1983년 중국-마카오 간에 마카오 개발협정이 체결되면서 주하이(珠海) 경제특구와 연계 개발되었다. 1986년 북경에서 마카오 장래협상이 개시되었으며, 1987년 4차 협상 끝에 마카오 반환협정에 서명하게 된다. 1999년 5월 마카오특별행정구 초대 행정수반으로 에드먼드 호(Edmund Ho, 何厚鏵)가 선출되었으며 같은 해 12월 20일에 드디어 마카오 주권이 중국에 반환(Macau, China)되었다.

'일국양제(一國兩制, One country, Two systems)'의 원칙에 따라 마카오는 '중화인민공화국 마카오특별행정구'의 지위를 가진다. 이에 따라 홍콩과 마찬가지로 행정과 입법, 사법권을 향유한다. 단 국방 및 외교는 제외된다.

마카오의 인구는 2008년 기준 약 55만 명이다. 공용어는 광동어(광동인 중국어로 전체 인구의 96.1%가 사용하고 있다. 그 외 포르투갈어 사용자가 1.8%이며, 영어도 빠르게 보급되고 있다. 마카오의 종교는 불교, 기독교 등이다.

---

1) 조차(租差): 조약에 의해 타국으로부터 유상 또는 무상으로 영토를 차용하는 행위

마카오 지도 ① 마카오 지도 ②

2) 마카오의 경제

1990년대 마카오의 재정수입은 카지노 산업에서 걷어 들이는 세수로 마카오 정부 재정수입의 50% 이상을 차지했다. 2002년 4월, 카지노 영업권 독점화 종식 및 특히 2003년 중국과 체결한 포괄적인 경제동반자협정(CEPA, comprehensive economic partnership agreement)에 의해 중국이 본토 개인관광객을 허용(IVS, Individual Visitors Scheme)하여 관광업과 카지노산업이 급속도로 발전하였다.

2007년에 중국은 49개 도시에서 마카오의 자유 관광을 허용하였고, 이런 영향으로 2007년도에는 카지노 산업이 재정수입의 70% 이상을 충당했으며, 2007년 재정수입은 총 51억 미국달러였는데, 이 중 카지노 산업의 재정수입액은 36억 미국달러였다.

마카오 카지노 산업은 2006년 69억 달러의 매출액을 기록해, 65억 달러를 기록한 라스베이거스를 능가하는 명실상부한 세계 카지노 매출액 1위 도시로 성장하였다.

마카오 반도 전경 Sands & MGM ①

마카오 반도 전경 ②

3) 마카오의 카지노 산업

전 세계적으로 관광이나 외국여행의 여러 목적 중에서 게임(Game)이 목적관광이 될 수는 없다. 하지만, 마카오는 게임(Game)이 목적인 관광지역이라고 할 수 있다.

마카오 카지노산업 부흥과 역사에는 스탠리 호(Stanley Ho:何鴻燊)를 거론하지 않을 수 없다.

그는 1921년 홍콩에서 중국인 아버지와 포르투칼인 어머니 사이에서 태어나 1940년대에 마카오로 넘어왔다. 네덜란드계 유태인이었던 그의 증조부는 광동성 출신의 여인과 결혼하여 홍콩에 정착하면서 홍콩이 집안의 본거지가 됐다. 세계적인 명문대인 홍콩대를 졸업한 스탠리 호는 1961년 STDM(Sociedade de Turismoe Diversoes de Macau. 이후 SJM 분리)이라는 회사를 설립해 마카오에서 사업을 시작했다.

1962년 포르투칼 정부는 마카오를 관광특구로 정한 뒤 도박(카지노)을 합법화 시켰고, 같은 해 스탠리 호는 300만 달러(US)를 투자해 독점적 카지노 면허권을 취득한다. 그는 홍콩의 부호 손님들을 끌어 들이지 않고서는 사업에서 성공할 수 없다고 판단하고 홍콩—마카오간 페리, 헬리콥터 등을 통해 홍콩 부호 유치에 나선다.

그가 운송업에 착수해 홍콩과 마카오 사이의 여정을 단축시킨 것은 마카오 카지노 사업이 성공할 수 있었던 최대 요인이라고 할 수 있었다.

이후, 그는 마카오의 항공, 공항, 도로, 항만, 다리, 전기, TV 네트워크, 금융, 골프장, 경마장, 개경기장 등 거의 모든 경제 인프라를 장악했다.

1970년에 호텔 리스보아(Lisboa-菊京) 마카오를 개장하고 승승장구하였고, 그랜드리스보아를 포함해 19개의 카지노가 있으며, 매년 정부에 납부하는 도박세만 40억 홍콩달러인데 이는 마카오 총재정 수입의 50%이상을 차지한다.

하지만, 스탠리호도 1999년 마카오가 중국으로 반환되면서 위기를 맞는다. 마카오 타워와 마카오와 타이파 섬을 연결하는 다리를 건설하여 기증하는 등 중국정부의 환심을 사기 위해 노력하지만 2001년 스탠리 호의 마카오 카지노 독점권을 박탈하고 카지노 시장은 개방된다.

또한, 2002년 마카오 정부는 카지노산업 개방을 선언하고 외국 자본 유입을 받아들인다. 처음으로 2004년 라스베가스의 카지노 대재벌 셀던 애덜슨(Sheldon Adelson)이 2,300억원을 들여 마카오에 샌즈(Sands-金沙) 마카오 카지노를 건설하였고, 투자 6개월만에 투자금 전부를 회수하였다. 마카오 정부는 기존의 카지노 사업 독점권자였던 스탠리 호(Stanley Ho)의 STDM 외에도, 미국 라스베이거스에 기반을 둔 윈 리조트(Wynn Resorts)에도 라이선스를 부여했다. 2006년 카지노 전문 경영 갑부인 스티브 윈(Steve Wynn)이 1조 1,400억원을 들여서 윈(Wynn-永利) 호텔 카지노를 개장한다.

2007년 8월 샌즈 카지노의 셀던 애덜슨이 매립지인 코타이에 22조 2천억원을 투자해서 베네시안(Venetian-百禾官) 마카오를 건설하였고, 또 미국계 베네시안(Venetian)과 홍콩 및 마카오 기업인들 간의 합작업체인 갤럭시 카지노(Galaxy Casino-銀河) 등 5개 업체에 추가로 라이선스를 부여했다. 2007년에만 메머드급 카지노인 228m 높이의 '그랜드 리스보아(Grand Lisboa-新菊京)'와 미국계인 '베네시안 호텔 카지노(Venetian Hotel Casino)'가 개장했다. 뿐만 아니라, 미국계인 'MGM 그랜드 마카오(MGM Grand Macau-美高梅)'가 개장함에 따라 마카오는 세계 카지노 업계의 각축장으로 부상했다.

또한, 2009년 1월 스탠리호의 아들 로렌스 호(Lawrence Ho:何猷龍)가 베네시안 바로 맞은편에 호주의 Crown Hotel과 합작하여 Melco Crown이라는 회사를 합작하여 만들고, 2조원의 공사비가 투입된 시티오브드림(City of Dream-新濠天地)을 건설하였다. 시티오브드림 카지노는 하얏트(Hyatt), 하드락(Hard Rock), 크라운(Crown) 이 세 개의 호텔로 연결되어 있다.

외국 자본의 진출로 성공을 거두자 중국인들에게도 카지노를 허가해 줄 것을 요구하였고, 그로 인하여 중국인과 외국 자본이 공동 투자된 카지노가 마카오 반도에 있는 스타월드(Star World-星際酒店) 카지노와 갤럭시(Galaxy-銀河) 카지노[2], 그리고 코타이 지역에 있는 갤럭시 월드 리조트이다.

원 카지노와 리스보아 카지노   갤럭시 월드 리조트

2014년 2월 현재 마카오를 거점으로 카지노 관련 사업을 진행하는 대표적인 6개 기업은 카지노왕 스탠리 호의 신덕그룹(新德集團有限公司-Shun Tak Hold-

---

2) 갤럭시 카지노는 2006년도에 마카오 반도에 하나를 개장하였고, 2008년에 코타이(Cotai에 한 개가 더 오픈하였다.

ings) SJM이 20개 카지노를 소유하고 있고, 스탠리 호 아들 로렌스 호의 멜코 PBL(新豪國際發展有限公司-Melco International Development)이 3개의 카지노, 갤럭시 엔터테인먼트 그룹(銀河娛樂集團有限公司-Galaxy Entertainment Group)이 6개의 카지노, 셸던 애딜슨의 샌즈 차이나(Sands China)가 4개 카지노, 스티브 윈의 윈 리조트(Steve Wynn Resort)가 1개 카지노, 스탠리 호의 딸 펜시 호(何超瓊)의 엠지엠 차이나 홀딩스(MGM China Holdings)가 1개의 카지노로 마카오 내 35개의 카지노를 형성하고 있는 실정이다.

마카오 카지노는 마카오 반도(Macao Peninsula)에 23개의 카지노가 형성되어 있고, 타이파섬(Taipa Island)에 12개의 카지노가 군집을 이루고 있다.

2016년까지 엠지엠 코타이 리조트(MGM Cotai Resort)를 개장할 예정이고, 2016년 춘절(春節-구정) 전에 개관을 목표로 하고 있는 윈 리조트의 스티브 윈도 40억 US$의 카지노 리조트 공사 건설안을 밝혔으며, 앞으로도 몇 개의 대형 리조트 카지노가 개장할 전망이다.

2012년 마카오 사행산업감찰협조국(DICJ)이 발표한 마카오 카지노 매출액은 미국 라스베이거스 매출 61억 달러의 6배를 초과한 3천41억 마카오 달러(380억 달러)를 기록하며 사상 최고치를 갱신하였다[3].

반면에 2013년 현재 마카오 카지노 VIP 부분은 마카오 카지노 매출의 3분의 2[4] 정도를 차지하고 있다. 중국 정부가 마카오 정켓(VIP 부문)에 대한 단속을 강화할 것이라는 방침에 대해 각 카지노 그룹들이 어떻게 대처해 나가느냐에 따라서 사활이 걸려 있다고 해도 틀린 말이 아닐 것이다.

마카오 내 카지노 기업은 순매출액(Winning Money)[5]의 39%를 마카오 정부에 도박세로 납부하고 있다.

---

3) 마카오 사행산업감찰협조국 http://www.dicj.gov.mo
4) 2013년 현재 마카오 게임 시장은 VIP 시장이 60~70%, 대중 시장이 30~40%를 점유하고 있다.
5) 카지노기업들이 플레이어의 게임을 통하여 벌어들인 순이익금을 말한다.

2. 국내 카지노산업의 이해

1967년 외화획득과 주한 미군을 비롯한 외국인 전용 위락시설에서 출발한 한국 카지노산업이 1990년대의 과도기 과정을 거치고 2000년대에 와서는 외화획득과 더불어 외화 유출방지 및 지역경제 활성화, 그리고 지방자치단체의 재원확보, 지역 관광기반 조성과 폐광촌의 지역경제까지 책임지는 고부가가치산업으로 고용증대에도 큰 공을 세우면서 각 시, 도 단체들이 유치를 우선 희망하는 유망산업으로 자리매김하게 되었다.

카지노산업은 고도의 인적 서비스산업으로 정부의 세수확보와 외화획득에 따른 관광수지개선 등 다양한 경제적 효과를 창출하는 경제적 특성이 있는 고부가가치산업이다. 이에 따라 카지노산업은 미국 및 영국, 프랑스 등 서구유럽뿐만 아니라 아시아권의 마카오, 말레이시아, 필리핀, 싱가포르 등의 국가도 국가사업으로 카지노업을 경쟁적으로 도입하여 운영 중에 있으며 우리나라 카지노업계의 가장 큰 고객으로 꼽히는 일본도 입법 추진을 위한 여러 가지 검토작업에 들어간 것으로 알려져 있다. 1999년까지 외국인 대상 전용 카지노는 13개 업체였다.

2000년에 폐광촌 지역경제 살리기 일환으로 사상 처음으로 내국인 대상 출입 카지노인 강원랜드가 개장되었다.

또한, 2006년에 문화관광부 산하 그랜드코리아레저㈜ 세븐럭카지노 3곳이 개점함에 따라 우리나라도 본격적인 정부 운영 카지노 시대가 시작되었다.

3. 카지노산업(게이밍산업)의 특수성과 카지노게임의 운영 원리

카지노업은 40년을 넘는 장수 업종임에도 불구하고 카지노 직원들의 직무수

행에 있어서 직무운영 원리와 직무수행 능력은 낮은 것으로 조사되었다.

이것은 카지노 직원들의 올바르고 정확한 카지노 운영 원칙과 카지노 승률과 운영 원리를 이해하지 못하고, 카지노 어드밴티지(House Advantage)를 정확하게 분석하지 못한 결과와 전문적인 카지노 운영 교육의 부실로 인한 결과로 해석된다.

카지노산업은 운영 노하우를 바탕으로 경쟁우위를 확보할 수 있는 특화된 서비스와 고객유치전략, 무엇보다도 중요한 영업전략 및 노하우 등을 지속적으로 개발하고 축적해 나가지 않을 경우 향후 카지노업의 존폐가 걸려 있는 영업실적 부진으로 인하여 회사는 여차하면 문을 닫아야 하는 기로에 설 수도 있는 최악의 상황에 직면할 수도 있음을 예상하고 대책을 세우지 않으면 안될 것이다.

카지노산업은 순수한 인력산업으로 인력의 중요성이 무엇보다도 두드러진다. 더군다나 개개인의 특성과 능력이 직무에 바로 연결되는 특성을 감안할 때 직원들의 심리안정과 사기진작에 무엇보다도 신경을 쓰고 관리해야만 하는 특수성을 관리자급 간부들 및 경영자는 항시 인지하고 있지 않으면 안될 것이다.

이에 카지노 운영 논리와 하우스 어드밴티지를 이해, 숙지함으로써 심리적인 안정감을 유지할 수 있는 근거가 마련된다면 카지노업체의 직접적인 종사 소득원인 종업원들의 게임 승률에 커다란 영향을 미칠 것이라고 예상된다.

카지노업은 플레이어들의 베팅 커미션과 승률로 운영된다고 봐야 한다. 물론 고액 베팅을 하는 VIP 고객도 있지만 그러한 몇몇 특수층의 고객들의 게임 승패로 카지노업을 운영해야 한다는 생각은 시대착오적인 사고라 아니할 수 없다.

하지만 어차피 카지노업의 영업근무 자체가 매번 혹은 매 핸드(Hand), 게임의 승패가 갈린다는 것은 부인할 수 없는 사실이다. 매번 이기고(勝, Win), 지고(敗, Lose)를 반복하는 영업부 직원(Dealer)들은 게임을 할 때마다 패(Lose)에 대한 부담감과 스트레스를 받고 있다는 사실을 부인할 수 없다. 심리적으로 패(Lose)에 대한 압박감을 해소만 해도 승률과 게임 진행이 원만하다는 것은 카지노업 근무를 어느 정도 해본 사람이면 누구라도 공감하는 아주 민감한 부분이다.

이러한 승패의 부담감을 떨쳐버리는 가장 좋은 방법 중의 하나는 다름 아닌 카지노업체가 운영되고 있는 '하우스 운영 3원칙(3M)'과 'Game Advantage(카지노게임별 勝益)'가 모두 합쳐져서 시너지효과가 발생되는 경영(운영)원리를 영업간부들(Supervisor, Floor Person, Pit Boss, Shift Manager 등)이 먼저 이해하고, 또한 각 게임 테이블(종류)별로 게임 승률을 숙지한 뒤, 플레이어들과 가장 가까운 곳에서 근무하는 딜러들에게 설명하고 이해시켜 심리적인 안정감과 더불어 자신감을 심어주는 역할을 함으로써 직원들 각자에게는 직무가치를 높이고 나아가 직무 만족으로 이어짐과 동시에 하우스의 고승률(高勝率)의 기대 성과치에 더욱 다가갈 수 있을 것이라 판단한다.

4. 카지노 3M 운영 논리

1) Much Money : 자금력

이 논리는 하우스(House), 즉 카지노의 자금력은 무궁무진한 반면에 플레이어들이 개인적으로 보유할 수 있는 금액은 제한적이고 한정적이기 때문에 자금력적인 부분에서 카지노에 월등히 열세일 수밖에 없다.

일례로, 각 카지노의 게임 테이블에 있는 뱅크 롤(Bank Roll : 게임 운영자금)은 테이블당 최소 5천만 원에서 1억 원 이상의 게임 운영자금으로 게임을 시작하며, 테이블 칩스 트레이(Chips Tray, Rack : 칩스 보관기구)에서 칩이 부족하면 뱅크(Bank : 카지노업체의 칩을 보관하는 장소)에서 얼마든지 지원받아 칩을 채워놓고 게임을 운영할 수 있으므로, 자금적인 부분에서는 한번 일정 금액을 잃어버리고 나면 다시 충당할 수 없는 플레이어의 자금력 상황과는 비교가 될 수 없다.

흔히 얘기하는 전쟁터에서 총알이 누가 많고, 총알 지원이 어느 쪽이 잘 되는가에 따라서 전쟁에서 승리와 직결되는 세속적 논리와도 맞아떨어지는 것이다.

카지노 운영 논리 세 가지 중에서 가장 파워력(Powerful) 있고, 가장 중요한 부분이 이 자금력이라 할 수 있다.

2) Much Time : 베팅 한계력(Limit), 지구력, 집중력

카지노의 두 번째 운영논리는 시간이라 할 수 있다. 또한 베팅의 한계력이라 할 수 있는데, 그 이유는 다음과 같이 설명된다.

① 카지노는 연중무휴, 24시간 영업을 한다.

하지만 플레이어가 게임을 연속적으로 할 수 있는 체력은 어느 정도 한계가 있다. 즉, 인간의 체력 한계는 계속적이고, 지속적일 수 없다는 것이다. 반면에 카지노는 3교대 근무로 무리 없이 돌아가므로 직원들의 체력은 항상 에너지가 넘친다고 할 수 있다. 플레이어가 아무리 강한 체력의 소유자라고 해도 결코 카지노를 상대로 계속적인 게임을 이어나갈 수는 없는 것이다.

플레이어의 체력 고갈은 집중력과 판단력을 흐리게 하고, 이에 게임의 승률에도 영향이 있을 수밖에 없다. 시간이 지날수록 카지노에게 유리할 수밖에 없다는 것이다.

② 카지노는 고유의 베팅 제한력을 가지고 있다.

즉, 게임 테이블별 리미트(Limit)가 바로 그것이라 할 수 있다. 카지노는 대체적으로 다섯 번 이상의 베팅 허용한계를 두지 않는다는 것이다.

예를 들면, 최저 베팅액(Minimum)을 $5라고 했을 때, 최고 베팅액(Maximum)은 최저 베팅액의 5배($10, $20, $40, $80, $160)를 넘지 않는 것이 카지노의 기본상식이다.

행여 플레이어가 게임 중 패하였을 때, 잃은 금액의 2배로 더블 베팅(Double Up)을 계속 허용한다면 지구상에 있는 모든 카지노는 모두 망할 것이 자명한 사실이다. 따라서 전 세계에 있는 카지노 운영자는 대체적으로 5번에서 6번 정도까지만 더블베팅을 허용한다는 것은 카지노의 기본상식이다.

3) Many People(Dealers) : 인력, 개인승률(Handy)

카지노의 세 번째 운영논리는 카지노 인력(카지노 종사원)이다. 카지노는 순수 인력서비스이다. 따라서 타 업종에 비해서 인력관리를 아주 중요하게 생각한다.

한 플레이어가 게임에 대한 감(Feel)이 매우 좋아서 연속적으로 게임에서 이긴다고 하자. 이러한 예는 카지노에 근무하였던 사람은 수없이 경험할 수 있는 실례이기도 하다. 그런데 이렇게 계속적으로 게임이 플레이어에게 유리하게 진행되는 데에는 한계가 있다는 것이다. 시간이 지나면서 플레이어는 지칠 것이고, 지치면 집중력과 흔히 얘기하는 게임감이 점점 둔화될 수밖에 없을 것이다. 하지만 카지노는 어떠한가?

24시간 3교대(8시간 근무)를 하므로 직원들은 에너지로 가득 충만한 채로 근무하고 있다. 또한, 직원은 플레이어 개인에 비하면 몇 백배의 인원이며, 영업 간부들은 개인적으로 승률이 우수한 직원들을 선발하여 게임에 투입하므로 시간이 지날수록 플레이어는 카지노의 인력들에게 패할 수밖에 없다는 논리가 성립된다는 것이다.

5. 게임별 승률(勝率, Game Advantage)

카지노의 모든 게임에는 하우스 어드밴티지라는 것이 있다. 카지노가 각 게임으로부터 가지고 있는 게임별 승률을 말하는데, 하우스 어드밴티지는 각각의 게임에 존재하며, 각 게임의 베팅방법에 따라 하우스 어드밴티지도 달라진다.

반면에 카지노 쪽의 일정부분 유리한 승률이 존재하는 어드밴티지 또한, 주장하는 이마다 각각 다르므로 어떤 주장이 가장 옳다고 지적하여 말하기도 어렵다.

하우스 어드밴티지는 각각의 게임에서 카지노가 이길 수 있는(Winning) 수학적인 확률에 의해서 결정된다. 이 어드밴티지는 매 게임에 베팅하는 금액의 퍼센티지(백분율)를 말하는 것이다.

예를 들어 블랙잭게임에서 플레이어가 매번 $100를 베팅한다고 가정했을 때, 블랙잭 하우스 어드밴티지가 2.7%라고 한다면, 하우스 어드밴티지에 의해서 카지노는 매회 게임마다 $2.7의 수익이 발생한다는 의미이다.

그러나 블랙잭게임의 어드밴티지는 0.5%이지만, 실제 하우스 어드밴티지는 2.74%라고 되어 있다. 이러한 수치 차이의 이해는 블랙잭게임의 기본전략을 잘 숙지하고 능숙하게 게임을 하는 플레이어에게는 0.5%의 하우스 어드밴티지가 적용되지만, 많은 플레이어들은 게임을 능숙하게 하지 못하는 경우가 많으므로 이때 적용되는 어드밴티지는 당연히 수치가 높을 수밖에 없는 것이다.

따라서 일반적인 하우스 어드밴티지는 능숙한 고객(Hard Player)이 아닌 비능숙 고객(Soft Player)에게 적용한 어드밴티지라 할 수 있다.

[표 1-14] 게임별 하우스 어드밴티지

Game	House Advantage
Roulette	4.54
Black Jack	2.74
Baccarat(Mini)	2.24
Caribbean Stud Poker	4.94
Craps	2.85
Big Wheel(Wheel of Fortune)	8.81
Keno	27.31
Bingo	1.74

위 [표 1-15]의 하우스 어드밴티지는 현재 우리나라 각 카지노에서 예전과 현재에 가장 많이 운영하는 테이블게임의 하우스 어드밴티지를 기술한 것이다.

6. 누적베팅 손실액 기대금액

카지노 운영에는 플레이어의 누적베팅 손실액 기대금액이라는 것이 있다. 이 누적베팅 손실액이란 플레이어가 카지노에 있는 게임 종류와는 상관없이 매회 게임에 베팅하여 카지노게임에서 잃는 베팅액에 베팅 횟수와 게임시간을 합산하여 내는 예상 이익금을 말한다.

아래의 예시를 보고 이해하기로 하자.

(예시) 누적베팅액 대비 기대금액 - 약 2%(1인당)

10$(매회 베팅액) × 60회 × 3시간 = 약 1,800$

1,800$ × 0.2 = 360$[360$의 30~50% = 108~180$]

예시에 나와 있듯이 누적베팅 손실액은 플레이어 1인당 약 2%이다. 한 명의 플레이어가 3시간 동안 약 60회를 $10씩 고정적으로 베팅하였다고 가정하면, 3시간 동안 전체 베팅액은 약 $1,800가 된다. 전체 베팅액 $1,800에서 누적베팅 손실액 2%를 빼면 $360가 된다.

이 $360의 30~50%인 $108~180가 바로 누적베팅 손실액이 된다. 물론, 모든 플레이어가 이 사항에 해당되는 것은 아니며, 베팅액이 큰 플레이어일수록 더 큰 액수의 누적 베팅액이 발생할 수 있는 것이다. 이와 같이 카지노 운영에는 여러 작용이 혼용되어 운영되고 있다고 하여도 과언이 아니다. 또한, 이러한 논리가 사실상 카지노 경영에 직접적으로 적용되고 있다는 사실은 누구도 부정할 수 없다고 본다.

결론적으로 위의 세 가지 운영논리와 카지노게임이 가지고 있는 하우스 어드밴티지 및 플레이어 누적베팅 손실액이 합쳐져서 전반적인 카지노 운영이 되고 있다고 할 수 있다.

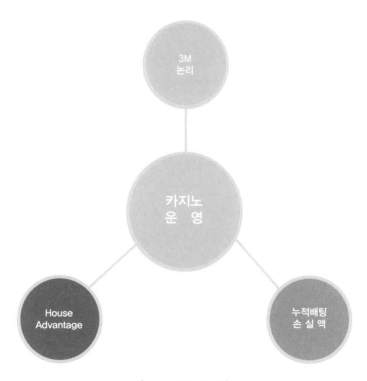

〈그림 1-1〉 **카지노 운영 원리**

제6절 카지노업무 프로세스(Casino Process)

1. 딜러(Dealer)의 업무 서비스 정신

① 카지노(Casino)산업은 서비스(Service)산업이라는 것을 항상 인지하고 있어야 한다.

② 고객을 대할 때는 항상 본인이 회사의 대표라는 생각으로 임해야 한다.

③ 고객 앞에서는 절대로 회사의 험담을 하거나 직원 간에 험담을 하지 않는다.

④ 고객의 이름이나 얼굴을 기억하고 좋은 말씨를 쓰도록 한다.

⑤ 행여 고객과의 논쟁에서는 결코 이기려 해서는 안 된다.

⑥ 복장이나 용모가 서비스에 적합한가를 확인한다.

⑦ 업무기술(Deal Skill)과 지식을 완벽하게 숙지하고 숙달하여야 한다.

⑧ 회사의 연혁이나 창립정신 등의 내용을 숙지하고 회사 업무에 충실한다.

⑨ 일에 대한 애정과 열의를 가져야 한다.

⑩ 항상 목표에 도전하는 마음을 가져야 한다.

⑪ 나는 우리 회사에서 가장 뛰어난 친절을 행한다는 자부심을 갖고 업무에 임해야 한다.

⑫ 상사에 대한 존경심과 직원 간에 우애 있는 태도가 필요하다.

⑬ 개개인의 언행은 고객과 회사에 지대한 영향이 있으므로 교양 있는 사고와 자세를 가져야 한다.

2. 게임 테이블에서의 기본자세

① 고객을 기다릴 때에는 바른 자세로 대기한다. [바카라(Baccarat)나 블랙잭
(Black Jack) 등의 카드게임 테이블에서는 카드(Card)를 펼쳐(Fanning)놓
고 대기하며, 칩(Chips)을 만지거나 다른 직원과 잡담하지 않도록 한다.]

② 고객이 게임 테이블(Game Table)로 오면 먼저 눈을 가볍게 맞추면서 고객
을 맞이한다.

③ 게임 진행 시 항상 가볍게 미소를 띠는 훈련을 하여 고객이 편안한 마음
으로 게임할 수 있게 한다.

④ 게임 테이블(Game Table)에 들어갈 때와 나올 때는 정중히 인사한다.

⑤ 게임이 종료된 후, 고객이 모두 게임 테이블을 떠나면 게임 테이블을 깨끗
이 정리한다.

3. 카지노 영업장 내 근무 주의사항

① 게임 테이블(Game Table)에서는 한쪽 다리를 구부리거나 아랫배를 게임
테이블에 기대고 게임 진행을 하지 않는다.

② 게임 진행 중 다리를 떨지 않는다.

③ 게임 진행 중에 시계를 보는 행위를 하지 않는다.

④ 게임 대기 테이블에 앉아 있을 경우, 하품을 하거나 칩을 만지거나, 볼펜
등으로 장난하지 않는다.

⑤ 게임 대기 테이블에 고객이 다가오면 자리에서 신속하게 일어나 고객을 맞
이한다.

⑥ 직원 간에 사소한 잡담을 하지 않는다.

⑦ 영업장 내에서는 껌, 사탕, 흡연을 금한다.

⑧ 시야는 게임 테이블(Game Table) 전반을 관장할 수 있도록 훈련한다.

⑨ 항상 게임 진행 콜링(Calling)을 하여 실수를 미연에 방지하도록 한다.

⑩ 화난 표정, 신경질적인 표정, 또는 무표정이 되지 않게 한다.

⑪ 음성은 부드럽게 하며 고객에게 불만이 섞인 어투로 말하지 않도록 한다.

⑫ 게임 진행 중, 실수를 하였을 경우 사소한 것이라도 먼저 죄송하다고 말한다.

⑬ 게임 테이블의 의자를 조정해야 할 경우 고객에게 반드시 미리 미안함을 표시하고 정리한다.

⑭ 게임 테이블에서 어떤 종류의 문제가 발생되는가를 예측하며 항상 이에 대비한다.

4. 게임 진행 매너(Manner)

① 전문직업인(Professional)다운 실수 없는 정확한 딜링(Dealing)을 해야 한다.

② 고객(Player)에게는 정중하면서도 정확한 딜링 서비스(Dealing Service)를 해야 한다.

③ 모든 게임 룰(Game Rule)을 완전히 숙지하여 자신감 있게 게임을 진행해야 한다.

④ 어떠한 상황에서도 딜러는 고객에게 미소 띤 얼굴로 대해야 한다.

⑤ 딜러(Dealer)는 게임(Game) 진행 중에 필요 이상의 대화를 하지 않는다.

⑥ 딜러의 친절은 손끝에서 표시난다는 것을 명심하여 항상 부드럽고 유연한 딜링을 하도록 한다.

⑦ 필요한 외국어(일어, 중국어, 영어)를 익혀서 고객의 게임 진행 요구를 정

확하게 파악하여 응대해야 한다.

5. 고객 요구에 대한 효율적인 대처방법

① 직원의 고객에 대한 말 한마디가 곧 회사를 대변하므로 신중하게 대답한다.

② 고객의 질문에 대해 간단, 명료, 정확의 3원칙에 입각하여 친절하게 대답한다.

③ 예의바르고 성의 있는 부드러운 목소리로 고객에게 친절한 이미지를 갖게 한다.

④ 얼굴 표정은 밝고 생동감 있게 표현한다.

⑤ 적절한 몸동작을 사용하여 고객에게 친근감을 주도록 한다.

⑥ 게임 규칙(Game Rule)에 대한 질문은 정확하고 간단하게 답변해 준다.

⑦ 게임을 처음 하는 고객에게는 더욱 성의껏 대답하여 게임에 흥미를 갖도록 유도한다.

⑧ 필요한 대화만 간단하게 하며, 가능하면 대화를 길게 하지 않는 것이 좋다.

6. 고객에게 팁(Tip-Toke)을 받았을 경우

① 고객에게 진실되고 예의를 갖춘 감사의 표시를 한다.

② 고객과 눈을 맞춰 감사의 표현을 한다.

③ 금액을 말하지 않고 팁(Tip)이라고 콜링(Calling)하고 관리자의 확인하에 처리한다.

④ 현금으로 받은 팁은 칩(Chips)으로 바꾸어 팁 박스(Tip Box)에 넣는다.

7. 고객 컴플레인(Complain)에 따른 대처 자세

① 목소리와 몸동작, 그리고 얼굴표정은 부드럽게 하고 정중히 사과한다.

② 고객의 컴플레인 상황에 따라 신중하게 처리한다.

③ 자신이 해결할 수 없는 일은 상위 관리자를 불러 해결하게 한다.

④ 고객의 불만에 대하여 절대로 반박하지 않는다.

⑤ 고객을 설득시키려 해서는 안된다.

⑥ 고객의 요구나 불만사항을 진지하게 경청한 후, 수습한다.

8. 게임 진행방법(Game Process)

① 딜러(Dealer)는 신속하고 친절한 서비스로 게임을 운영할 수 있도록 게임 테이블(Game Table)에 주위를 집중시킨다.

② 피트(Pit) 내에서는 업무 이외의 대화는 결코 하지 않는다.

③ 테이블 내의 칩 용기(Chips Tray)를 항상 파악하여 부족한 칩이 있을 때는 관리자에게 알려서 조치를 취하여 게임에 지장을 초래하는 일이 없도록 한다.

④ 게임 진행은 신속하게 하는 것이 원칙이나 고객의 베팅(Betting) 속도와 보조를 보아가며 맞춘다.

⑤ 모든 지불수단(Payoff)과 칩 교환(Chips Change)은 정확한 콜링(Calling)과 함께 반드시 칩을 커팅(Cutting)하여 펼쳐(Spread)놓고 플레이어와 간부 그리고 운영실의 모니터에서도 식별이 가능하게 한다.

⑥ 고객이 장난기 있는 게임을 하는 경우 화내지 말고 가볍게 응대하여 기분을 맞춘다.

9. 게임 테이블 수칙(Game Table Regulation)

① 딜러는 항상 자신감을 갖고 테이블에 임하여야 한다.

② 게임 진행에 집중하여 정중하고 바른 자세로 근무해야 하며, 게임 룰(Game Rule)을 잘 모르는 고객에게는 성심껏 설명하여 주되 구체적인 간섭은 피한다.

③ 신규고객(New Face)으로 개발의 여지가 있는 고객은 관리자에게 알려 마케팅 활동을 할 수 있도록 정보를 제공하여야 한다.

④ 게임 대기 테이블에서는 앉아 있다가 고객이 오면 즉시 일어나 상냥하게 인사하고 게임을 즉시 진행할 수 있도록 한다.

⑤ 다른 게임 테이블의 딜러나 관리자와의 잡담을 금한다.

⑥ 게임 테이블에서 칩(Chips)을 불필요하게 만지는 일이 없도록 한다.

⑦ 게임 테이블의 근무 교대 시 가볍게 인사를 하고 게임 중 고객이 대화를 걸어 올 때는 간단히 답한다.

⑧ 게임 테이블을 떠날 때는 양손을 가볍게 턴다(Hand Clear).

10. 고객 유형 파악

1) 고객의 유형

- **전문적인 고객(Gambler) :** 오로지 게임을 하여 돈을 따기 위한 목적의 게임 전문가. 적절한 딜러선택과 고객 파악이 필요하다.
- **관광객인 고객(Walk In Guest) :** 단순한 흥미 본위로 하는 고객. 선전효과를 노릴 수 있으므로 친절히 응대한다.
- **정켓(Junket) :** 카지노에서 초청하여 단체(Group)로 오는 고객. 대다수 중국

계열 고객이 대부분이다. 조직력과 팀 분위기 파악이 필요하다.

2) 고객의 중요성

고객은 우리와 카지노가 존재하는 근원 이유이다.

① 고객이란 무엇인가?

A. 고객은 어떠한 상황에서든 가장 중요한 사람이다.

B. 고객은 우리에게 의존하지 않는다. 우리가 고객에게 의존하고 있는 것이다.

C. 고객은 우리 사업의 방해자가 아니다. 우리 사업의 목적이다.

D. 고객은 우리 사업의 필수불가결의 부분이다. 외부인이 아니다.

E. 고객은 돈이 아니다. 고객은 감정을 가진 인간이고 존경받을 자격이 있다.

F. 고객은 우리가 할 수 있는 최대한의 정중한 대접을 받을 자격이 있다.

G. 고객은 카지노뿐만 아니라 모든 사업에 있어 존속의 근원이다.

H. 고객은 우리의 급여를 지불한다.

I. 고객이 없다면 우리 업체는 문을 닫아야 한다.

우리는 이 사실을 잊어서는 안된다.

② 카지노 고객이 원하는 것

A. 카지노 고객은 기쁨을 얻기 원한다.

B. 그들은 감사의 표시 받기를 원한다.

C. 그들은 카지노가 자신들에 대해 관심 갖기를 원한다.

D. 환영받는다는 느낌을 갖기 원한다.

E. 중요한 사람이라는 인상을 받기 원한다.

F. 각자의 프라이버시가 존중되기 원한다.

G. 문제가 있을 시 빠르고 긍정적인 답변을 원한다.

H. 카지노 스태프에 의해 저질러진 서비스상의 과실에 응분의 보상을 원한다.

I. 요청함 없이 서비스를 받기 원한다.

J. 고객 지향적인 시설을 원한다.

11. 딜러(Dealer) 근무 수칙(Regulation)

① 카지노 종사원은 카지노업종의 특수성을 고려하여 고도의 기술개발과 정확한 계산기능, 성숙한 매너(Manner) 등으로 효율적인 능력개발을 위해 훈련에 훈련을 거듭하여 완벽한 전문 직업인으로서 정착하여야 한다.

② 딜러는 모든 언행에 있어서 친절하고 예의바르게 고객한테 최대한 서비스를 제공하여야 한다.

③ 복장은 회사에서 지정한 유니폼을 단정히 착용하고, 신분증은 정해진 위치에 근무시간 중 부착하여야 하며 두발은 항상 청결을 유지하여야 한다.

④ 딜러는 근무시간 최소 15분 전까지 출근하여 담당간부의 지시에 의해 근무배치를 받아야 한다.

⑤ 근무 중 필요 이상의 언어사용 및 잡담을 금하고 가능한 우리말을 사용치 말 것이며, 타인에게 오해를 줄 수 있는 어떠한 말과 행동도 금한다. 또한, 다른 테이블의 딜러와 대화를 하여서는 안된다.

⑥ Money Drop Calling은 현금 또는 수표를 머리 위로 들고 담당간부가 들을 수 있도록 큰 소리로 할 것이며, 고액수표 및 여행자수표(T/C)가 나왔을 경우 담당간부의 지시 없이는 Chips를 내줄 수 없다.

⑦ 손님이 없을 경우라도 딜러는 테이블 정면을 향하여 기립근무자세를 취해야 한다. 단, 그렇지 않을 경우는 담당간부의 지시에 따른다. 딜러는 실수를 최대한 방지하여야 하며 사고가 발생하면 담당간부에게 보고한 후 처

리되어야 한다.

⑧ 딜러는 어떠한 형태이든 판별의 정상을 가리기 힘든 상황이 발생하였을 때 반드시 현장을 보존하며, 담당간부 입회하에 해결하여야 한다. 또한, 담당간부의 해결이 어려울 때는 차상급자 순으로 처리한다.

⑨ 칩스 장난은 일체 금하며, 손님이 없을 경우 딜러 간의 게임행위도 허용치 않으며 딜링훈련이 필요한 경우 담당간부의 허락을 얻는다.

⑩ 근무 교대 시는 항상 양손을 앞뒤로 가볍게 보여야 되며, 근무지 이탈 교대 등의 모든 행동은 행선지와 목적을 담당간부에게 보고한 후 지시에 따른다. 또한 근무 교대 시 근무자는 고객에게 회사에서 정한 인사(예를 갖추고)를 하고 근무에 임한다.

⑪ 게임 테이블 명령을 받은 딜러는 2분 내 지정된 테이블에 도착하여야 하며, 휴게실에서 쉬는 동안에 취침은 금한다.

⑫ 카드는 임의로 교체할 수 없으며 소중히 다루고 담당간부의 지시에 따른다.

⑬ 손님으로부터 받은 Tip은 반드시 "Thank you for the dealer"라고 Calling 하고, 담당간부의 확인 후 처리되어야 한다. 또한, 고객에게 Tip을 요구하거나 암시하는 행위를 하여서는 안된다.

⑭ 딜러는 손님과 게임 이외에 부당한 금전거래를 금한다.

⑮ 피트에서 흡연 및 음료행위는 일체 금지하며, 지정된 장소에서 한다.

⑯ 모든 습득물은 임의로 처리하여서는 안되며, 간부에게 보고하여야 한다.

⑰ 회사의 모든 비품을 절약하며, 파손되는 일이 없도록 하여야 한다.

⑱ 딜러는 사내의 기밀보안을 철저히 하여야 한다.

CHIPS WORK

카지노게이밍 실무론

#02 CHIPS WORK

칩(Chips)의 유형

1. 칩(Chips)의 구분

카지노에서 원활하고 신속하며 질서 있게 게임을 진행하기 위하여 현금 대용으로 사용하는 것으로서 그 종류는 다음과 같다.

1) 밸류 칩(Value Chips)

머니 칩(Money Chips) 또는 캐시 칩(Cash Chips)이라고 하며, 카지노에서 언제든지 현금으로 바꿀 수 있다. 칩의 표면에 금액과 카지노 로고 등이 기재되어 있으며, 금액은 각 카지노마다 규정되어 있는 칩의 색깔과 문양별로 차이가 있다.

국내 카지노 칩의 금액은 1,000, 5,000, 10,000, 50,000, 100,000, 1,000,000,

5,000,000원의 7종류 정도의 머니 칩이 있다.

2) 난 밸류 칩(Non Value Chips)

플레이 칩(Play Chips) 또는 컬러 칩(Color Chip)이라고 하며, 룰렛이나 다이 사이 등의 게임에 주로 사용하는 칩으로 칩의 색으로 플레이어들을 구별한다.

룰렛게임 테이블 같은 경우 약 7가지 색의 칩들을 배열해 놓는다. 플레이 칩은 각 카지노별로 금액이 정해져 있으며, 플레이 칩은 현금으로 교환할 수 없다.

Value Chips-현금 칩

Non Value Chips-플레이 칩

2. 칩(Chips)의 종류

1) 아메리칸 칩(American Chips)

원형 모양의 쥐똥(Joton)이라고도 불리며, 우리나라는 물론 세계 대부분의 카지노에서 사용하는 칩으로 지름은 39, 41, 43, 45mm의 4가지 원형 칩이 있으며, 주로 39mm칩을 가장 많이 사용하고 있다. 무게는 13.5g이 표준이나 칩의 가공에 따라 무게는 조금씩 다르다.

2) 프렌치 칩(French Chips)

사각형태의 플라그 칩(Plaque Chips) 또는 타원형의 쥐똥(Jeton)이라고 불리는 칩으로 유럽이나 아프리카 지역에서 주로 사용한다.

포르투갈의 영향에 의한 것으로 추정되는 마카오도 프렌치 칩을 사용하기도 한다. 하지만 게임의 진행 및 사용이 불편하여 유럽뿐만 아니라 대부분의 카지노에서도 원형 칩으로 바꾸는 추세이다.

American Chips

French Chips

3. 칩의 구성

1) 데칼(Decal)

칩의 가운데 부분으로서, 카지노 로고(Logo)와 액면가가 표시되어 있다.

* 이너링(Inner Ring) : 데칼의 가장자리 둘레에 카지노 상호 및 이니셜(Initial)을 표시한 부분

2) 아웃 링(Out Ring)

데칼을 제외한 나머지 칩의 전체 둘레 부분을 말한다.

* 에지(Edge & Out Ring Insert) : 칩의 바깥둘레에 무늬와 색깔을 넣어서 칩을 쌓아놓았을 때 구별이 용이하게 함

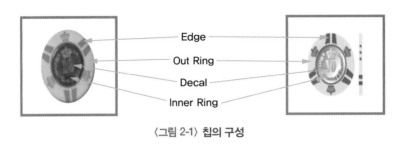

〈그림 2-1〉 칩의 구성

제2절 **칩 파지법**

1. 스택(Stack)

카지노에서 칩을 정렬하는 방법은 칩 20개를 한 줄로 가지런히 쌓아놓은 형태이며, 이렇게 칩 20개를 쌓아놓은 것을 스택(Stack)이라 한다.

카지노에서 근무하는 거의 대다수의 직원들은 정확하게 1스택을 집어 놓을 수 있는 감각을 익혀야 한다.

2. 팜 스택(Palm Stack)

칩 1스택을 위에서부터 손바닥과 다섯 개의 손가락으로 칩 전체를 가볍게 감싸 잡는 형태를 말한다.

이때, 너무 힘을 주어서 잡으면 칩 형태가 무너지거나 손에서 빠져나올 수 있으므로 가볍게 잡도록 한다.

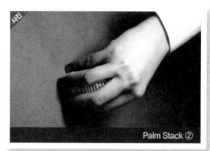

3. 펜슬 스택(Pencil Stack)

칩 파지법 형태가 연필을 잡은 모양이라 하여 펜슬 스택(Pencil Stack)이라 한다. 20개 미만의 칩을 집을 때 사용하는 파지법이다. 펜슬 스택은 너무 힘을 주어서 집으면 칩이 앞으로 빠져나올 수 있으므로 가볍게 집도록 한다.

제3절 칩 줍기(Chips Raking, Chips Mucking)

1. 칩 래킹(Chips Raking, Mucking)

룰렛 등의 게임에서 수거(Take)해 온 칩을 줍는 동작을 말한다.

① 엄지로 칩의 앞을 가볍게 누른다.

② 엄지와 검지로 칩의 앞·뒤 부분을 잡고 살짝 들어올린다.

③ 들어올린 칩을 한 바퀴 굴려서 손바닥 안으로 감싸 안는다.

④ One By One 형태로 집는다.

Chips Raking ①

Chips Raking ②

Chips Raking ③

Chips Raking ④

2. 칩 스태킹(Chips Stacking)

테이크(Take)해서 가져온 칩을 주워서 1스택으로 만드는 동작을 말한다.

① 양손의 감각으로 한 손 안에 약 10개 정도의 칩이라고 느껴질 때 양손의
칩을 합쳐서 스택으로 만든다.

② 합칠 때 한 손은 밑으로 한 손은 위로 하여 합친다.

Chips Stacking ①

Chips Stacking ②

제4절　칩 자르기(Chips Cutting, Sizing)

칩을 같은 높이로 자르는 동작을 말하며, 칩 체인지(Chips Change)와 칩 페
이(Chips Pay) 등의 게임 진행 시 반드시 필요한 카지노 기본 스킬(Skill)이다.

이 동작은 카지노 기본 스킬 중 가장 중요한 부분이기도 하다.

1. 드롭 커팅(Drop Cutting)

　① 칩을 팜 스택(Palm Stack) 형태로 파지한다.
　② 칩을 원하는 개수만큼 검지의 감각으로 떨어뜨린다.

Drop Cutting ①

Drop Cutting ②

2. 언더 드롭커팅(Under Drop Cutting)

　맨 아랫부분 칩을 한 개씩 떨어뜨리는 커팅으로 룰렛 등의 게임 진행 시 사용하는 기술이다.
　① 칩을 펜슬 스택(연필 쥐기 형태)으로 파지한다.

Under Drop Cutting ①

Under Drop Cutting ②

② 엄지와 중지로 칩을 지탱하고, 약지로 맨 아래쪽 칩을 하나씩 떨어뜨린다.
③ 5개 이상은 드롭하지 않는다.

3. 엄지 커팅(Thumb Cutting)

엄지로 칩을 커팅하는 기술로서, 블랙잭이나 바카라게임의 페이(Pay)를 할
때 주로 사용한다.

Thumb Cutting ①

Thumb Cutting ②

Thumb Cutting ③

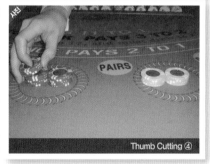

Thumb Cutting ④

4. 이지커팅(Easy Cutting, General Cutting)

카지노게임 운영 중에서 가장 일반적이고 보편화된 칩 자르기 동작이다.

① 드롭커팅 방법으로 원하는 개수만큼 떨어뜨린다.

② 엄지, 약지, 소지를 이용하여 떨어뜨린 칩 뒤에 손에 있는 칩을 붙인다.

③ 엄지, 약지, 소지로 칩을 지탱하고 검지로 앞의 칩과 같은 높이로 자른다.

④ 자른 후의 칩 여분은 다시 엄지, 검지, 약지, 소지를 이용하여 뒤로 뺐
   다가 앞의 칩에 밀어준다.

⑤ 앞의 ②, ③, ④ 동작을 반복한다.

Easy Cutting ①

Easy Cutting ②

Easy Cutting ③

Easy Cutting ④

[커팅 예시]

칩 커팅은 다음의 커팅 형태가 가장 일반적인 방법이다.
① 6개 / 3 * 3
② 7개 / 3 * 3 * 1
③ 8개 / 4 * 4
④ 9개 / 4 * 4 * 1
⑤ 10개 / 5 * 5

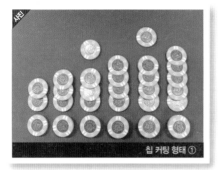

칩 커팅 형태 ①

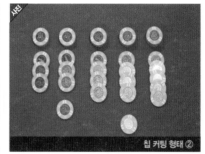

칩 커팅 형태 ②

제5절　**칩 펼치기(Chips Spreading)**

커팅된 마지막의 칩을 펼쳐서 커팅한 개수만큼 맞는지를 확인하는 동작이다. 특히, 칩 체인지(Chips Change) 상황에서는 반드시 확인하는 절차를 걸쳐야 한다.

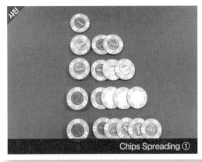

Chips Spreading ①

Chips Spreading ②

Chips Spreading ③

Chips Spreading ④

제6절 **칩 아래 끌기(Chips Dragging)**

칩의 밑부분을 질질 끌어서 펼치듯이 하는 기술이다.

① 칩을 펜슬 스택(Pencil Stack)의 형태로 파지한다.

② 검지는 칩 윗부분에 구부려서 잡고, 엄지, 중지, 약지, 소지로 칩을 잡는다.

③ 소지를 제외한 나머지 손가락으로 칩 밑부분을 약간 들고, 천천히 하나씩
   펼친다.

④ 5개 이상의 칩은 드래그(Drag)하지 않는다.

Chips Dragging ①

Chips Dragging ②

제7절 **칩 집어 올리기(Chips Picking)**

칩 용기(Chips Rack)에서 칩을 하나씩 집어 올리는 동작이다.

① 엄지와 검지, 중지를 이용하여 칩을 가볍게 위로 올린다.

② 위로 올라온 칩은 엄지와 검지로 잡고, 중지로 랙(Rack) 안에 있는 칩을
  위로 올린다.

③ 위의 ①, ②를 반복한다.

④ 5개 이상의 칩은 피킹(Picking)하
  지 않는다.

Chips Picking ①

Chips Picking ②

Chips Picking ③

제8절　**칩 밀기(Chips Pushing)**

다량의 칩을 플레이어에게 손으로 밀어서 안전하게 가져다주는 동작을 말한다.

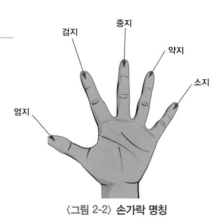

〈그림 2-2〉 손가락 명칭

1. 1스택 밀기(1 Stack Pushing)

① 20개 미만인 경우 펜슬 스택 형태로 집어서 건네준다.

② 20개에서 29개 미만일 경우는 엄지, 중지, 약지를 사용해서 건네준다.

2. 2스택 밀기(2 Stack Pushing)

① 30~59개까지의 칩을 푸시(Push)할 때 사용하는 방법이다.

② 소지는 칩의 맨 뒤에, 약지는 중간에, 중지는 칩의 맨 앞에 위치하고

③ 엄지는 칩의 뒤, 검지는 칩의 앞 윗부분에 가볍게 올린다.

3. 3스택 밀기(3 Stack Pushing)

① 60~79개까지의 칩을 푸시할 때 사용하는 방법이다(2가지 방법이 있음).

② 엄지와 약지로 칩 양쪽을 잡아주고, 소지는 칩의 중간에 고정시킨다.

③ 검지는 칩 윗부분에 가볍게 올려놓고 푸시한다([사진] ①, ②).

④ 중지와 소지로 칩의 양쪽을 잡고, 약지는 칩의 중간에 고정시킨다.

⑤ 엄지는 칩의 윗부분의 3스택이 만나는 지점에 위치한다([사진] ③, ④).

3 Stack Pushing ①

3 Stack Pushing ②

3 Stack Pushing ③

3 Stack Pushing ④

4. 4스택 밀기(4 Stack Pushing)

① 80~99개까지의 칩을 푸시할 때 사용하는 방법이다.

② 칩의 형태를 마름모꼴로 정렬하고, 푸시하고자 하는 방향의 앞에 위치시
   킨다.

③ 맨 뒤쪽 스택을 약지와 소지로 고정하고, 이때 소지는 검지 방향으로, 약

지는 중지 방향으로 위치한다.

④ 검지와 중지는 양쪽 칩을 잡아주고, 검지는 칩의 윗부분에 가볍게 올려놓는다.

⑤ 푸시할 때는 몸을 비스듬하게 약간 틀고, 몸의 약간 앞쪽에 두고 푸시한다.

4 Stack Pushing ①

4 Stack Pushing ②

5. 5스택 밀기(5 Stack Pushing)

① 100~119개까지의 칩을 푸시할 때 사용하는 방법이다.

② 4스택 푸시 방법의 손 모양과 동일하며, 마름모꼴 형태에 검지 방향 쪽에 1스택을 더 놓는 형태로 칩을 정렬한다.

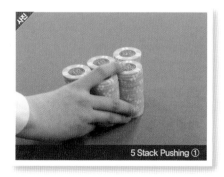

5 Stack Pushing ①

5 Stack Pushing ②

③ 칩의 정렬방법은 5스택 중, 2스택이 항상 뒤에 위치하여야 한다.

④ 칩을 위에 올릴 때는 항상 칩의 앞쪽에 위치하여야 한다.

6. 6스택 밀기(6 Stack Pushing)

① 120~139개까지의 칩을 푸시할 때 사용하는 방법이다.

② 6스택의 칩을 정삼각형 모양으로 정렬한다.

③ 엄지와 중지로 칩의 양쪽을 고정시키고, 약지는 중지 방향으로 소지는 검지 방향으로 위치한다.

④ 검지는 칩의 윗부분에 가볍게 올려놓는다.

6 Stack Pushing ①

6 Stack Pushing ②

7. 7스택 밀기(7 Stack Pushing)

① 140~159개까지의 칩을 푸시할 때 사용하는 방법이다.

② 일명 꽃모양으로 칩을 정렬한다(2-3-2 스택).

③ 정렬된 칩 중 뒷부분의 2스택을 엄지와 약지로 가볍게 감싸 안고, 소지는

중간에 위치한다.

④ 이때, 검지와 중지로 감싸 안은 앞의 칩 밑을 푸시한다.

⑤ 검지는 칩의 윗부분에 가볍게 올려놓는다.

7 Stack Pushing ①

7 Stack Pushing ②

8. 8스택 밀기(8 Stack Pushing)

① 160~179개까지의 칩을 푸시할 때 사용하는 방법이다.

② 7스택 푸시와 동일한 방법으로 푸시한다.

③ 칩 정렬은 7스택 푸시와 동일한 칩의 형태에 1스택을 칩의 맨 앞쪽에 더 정렬시킨 후, 푸시한다.

8 Stack Pushing ①

8 Stack Pushing ②

9. 9스택 밀기(9 Stack Pushing)

① 180~199개까지의 칩을 푸시할 때 사용하는 방법이다.

② 8스택 푸시와 동일한 방법으로 푸시한다.

③ 칩의 정렬은 8스택 푸시와 동일한 칩의 형태에 1스택을 칩의 맨 앞쪽의 윗
부분에 올려놓은 후, 푸시한다.

9 Stack Pushing ①

9 Stack Pushing ②

10. 10스택 밀기(10 Stack Pushing)

① 200개 이상의 칩을 푸시할 때 사용하는 방법이다.

② 푸시 방법은 한 손 푸시와 양손 푸시 두 가지 방법이 있다.

③ 한 손 푸시는 7스택에서 9스택까지의 푸시 방법과 동일하다.

④ 칩의 정렬은 9스택 푸시와 동일한 칩 형태이고, 앞과 뒤에 각각 한 스
택씩을 올려놓는다.

⑤ 만약 198개의 칩을 푸시하여야 한다고 할 때, 1스택이 되지 않는 18개의
칩이 앞쪽으로 정렬되어야 한다.

⑥ 양손 푸시는 6스택의 정삼각형 푸시 손 형태에, 다른 한 손은 칩의 맨 뒤

쪽부터 소지, 약지, 중지, 검지를 칩 사이사이에 끼우고 양손으로 같이 푸시한다.

⑦ 검지는 칩 위에 가볍게 올려놓는다.

10 Stack Pushing ①

10 Stack Pushing ②

10 Stack Pushing, Two Hand ①

10 Stack Pushing, Two Hand ②

CARDS WORK

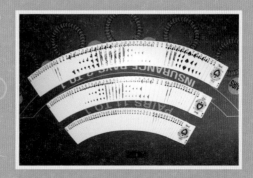

#03 CARDS WORK

카드(Cards)의 유래 및 역사

　카드가 유럽에 전해진 것은 11세기에서 13세기 사이로 추정되는데, 13세기에는 유럽에 분명히 존재하고 있었으며, 14세기에는 상당히 많은 나라에 퍼져 있었다. 유럽에 전래된 경로에 대해서는 집시가 가지고 왔다는 설, 사라센인이 문예·오락과 함께 전했다고 하는 설 및 11세기에 원정한 십자군의 군인들이 가지고 돌아왔다는 등 많은 설이 있다.

　유럽에서 가장 오래된 형태의 카드는 독일의 타록(Tarok), 프랑스의 타로(Tarot), 이탈리아의 타로키(Tarocchi)이다. 이것은 22장의 아토우(Atout)라고 불리는 트럼프(정확히는 21장과 딸린 패 1장)와 56장 합계 78장으로 1벌이 되어 있다. 22장의 트럼프는 1부터 21까지의 번호가 붙어 있는 우의화(寓意畵)가 그려진 것과 광대가 그려진 1장으로 이루어져 있으며, 우의화는 연대에 따라 다르지만 일반적인 것은 마술사, 교황, 황제, 연인, 전차(戰車), 재판의 여신, 은둔자, 운

91

명의 수레바퀴, 여자 씨름꾼, 형사자(刑死者), 사자(死者), 절제, 악마, 낙뢰의 탑, 군성(群星), 달, 태양 등 인간의 갖가지 욕망과 행동을 나타낸 그림이었으며, 광대가 그려진 또 한 장의 그림카드는 조커(Joker)의 원조로 추정된다.

〈그림 3-1〉 카드의 종류

- 타록(Tarok) - 독일
- 타로키(Tarocchi) - 이탈리아
- 타로(Tarot) - 프랑스

이런 그림(우의화)은 인간의 갖가지 욕망과 활동을 나타낸 인생의 축도(縮圖)로 볼 수 있다. 또한, 괴상한 복장을 입은 광대가 곡예와 악·덕(惡德)이 가득 찬 자루를 짊어지고 걸어가는 모습이 그려져 있는데, 이것이 오늘날의 조커가 된 것이다.

다른 56장의 카드는 검, 곤봉, 성배(聖杯), 화폐의 4가지 문양(Suit)으로 나뉘어 있으며, 각 문양은 1부터 10까지의 숫자가 있는 패와 왕, 여왕, 기사(騎士), 병사(兵士)의 그림 패로 되어 있다. 검은 왕후와 귀족, 곤봉은 농부, 성배는 사제, 화폐는 상인의 상징이며, 중세의 사회계급을 나타낸 것으로 이해할 수 있다. 이 타록 78장 중에서 22장의 트럼프를 대(大) 타록, 나머지 56장을 소(小) 타록이라고 한다.

한편, 14세기 말부터 15세기 초에 걸쳐 프랑스에서 타록의 22장의 으뜸패가 사라지고 56장으로 1벌(Pack)이 되었다. 또한, 그림카드 중에서 기사가 없어지고 각 문양이 13장씩 합계 52장으로 현대의 카드와 같은 구성이 되었다. 이때, 병사와 하인을 나타내는 카드를 잭이라고 하였다. 각 문양의 표시도 프랑스에서 현재와 같은 스페이드·다이아몬드·클럽·하트로 문양이 변화하였다.

카드는 14세기까지 손으로 그렸기 때문에 가격이 비쌌으나, 15세기에 독일의 인쇄술 발달로 목판인쇄로 대량생산이 가능하게 되면서 대량 공급시대가 열렸다. 19세기 말에 영국에서 카드의 네 귀퉁이를 둥글게 하였고 인덱스(Index)도 붙였으며, 그림카드도 상하(上下)에 같은 그림을 대칭으로 넣었고, 1벌 52장에 조커를 포함해서 오늘날 일반적으로 사용되는 카드의 형태가 비로소 완성되었다.

또한, 검정색과 빨강색의 카드는 프랑스에서 처음으로 분류해서 사용하였다.

카드의 종류 ①

카드의 종류 ②

제2절 카드(Cards)의 구성

카드는 4가지의 패(♠◆♣♥)에 각각 Ace부터 King까지 13장으로 조합되어 있고, 색깔별로 검정색 26장(♠♣), 빨간색 26장(◆♥)으로 모두 52장으로 구성되어 있으며, 이를 1 Deck(1 Pack)이라고 한다.

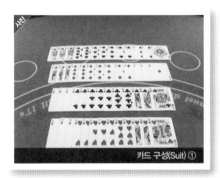
카드 구성(Suit) ①

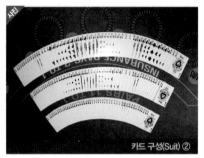
카드 구성(Suit) ②

카드에 포함되어 있는 뜻과 내용들은 참으로 다양하나 어떠한 것이 정확한 것이라고 단정 지을 수는 없다.

스페이드는 검의 변형인데 이탈리아어의 검을 뜻하는 'Spada'에서 유래하였으며, 영어 'Spade(쟁기)' 뜻은 없다. 하트는 성배의 변형이며, 다이아몬드는 화폐의 변형이다. 클럽은 곤봉의 형상이었는데, 세월이 흐르면서 두 개의 잎을 달게 되어 클로버의 형상을 지니게 되었으며, 잎을 사용하고 있다. 그 이유는, 옛날 카드를 보면 곤봉에 클로버같이 세 잎이 붙어 있는데, 이것이 곤봉 대신 상용된 것이다.

- **카드 1 Deck(52장)** : 1년을 이루는 52주를 뜻함
- **카드의 문양(Suit)** : 4계절의 춘하추동(春夏秋冬)
- **무늬(Suit)의 각 13장** : 태음력의 1년을 이루는 13달
- **무늬(Suit)당 13장** : 1에서 13까지를 더하면 91이 되고, 91에서 네 가지 무늬인 4를 곱하면 364가 된다.

여기에 조커를 보태면 1년 365일이 된다.

- **빨간색 :** 따뜻한 계절을 뜻하며, 해와 빛의 힘, 남쪽 등의 의미를 내포한다.
- **검정색 :** 추운 계절을 상징하며, 달과 어둠의 힘, 북쪽 등의 의미를 내포한다.
- **조커(Joker) :** 제5원소, 비물질적인 세계, 힌두교에서는 허공의 의미
- **킹(K) :** 정신, 본질, 아버지
- **퀸(Q) :** 영혼, 성격, 어머니
- **잭(J) :** 자아, 활력, 사자(使者) 등의 뜻이 포함되어 있다.

[카드 패(Suit)의 의미와 그림 속의 인물유래]

♠ Spade : 칼(명예, 권력)을 형상화한 것으로 최고 권력의 상징인 황제나 왕을 의미
- K(King) : 이스라엘의 왕 다윗(Hebrew king of David)
- Q(Queen) : 그리스 신화의 전쟁과 지혜의 여신, 팔라스 아테나(Palas Atena)
- J(Jack) : 덴마크의 전설적인 인물 Hogien Le Danois, 백년전쟁 때 잔다르크와 싸운 라이르(Lahire)

◆ Diamond : 다이아몬드(재화, 부귀)는 부와 재력을 의미하며, 상인 계층을 나타냄
- K(King) : 로마 공화정 말기의 정치가, 장군, 줄리어스 시저(Julius Caesar)
- Q(Queen) : 요셉의 어머니이자 야곱의 아내, 성경의 라헬(Biclical Rachel)
- J(Jack) : 샤를마뉴 대제의 기사 중 한 명인 롤랑(Roland), 또는 랜슬롯 경의 사촌이며 원탁의 기사 중 1인인 헥터 경(Hector)

♣ Club : 떡갈나무 열매가 변형된 세 잎 클로버(교제, 행운)

클로버는 처음에는 곤봉의 형상이었는데, 세월이 흐르면서 두 개의 잎을 달게 되어 클로버의 형상을 지니게 된 것으로 농민을 의미.

- K(King) : 마케도니아의 알렉산더 대왕(Alexander)
- Q(Queen) : 대영제국의 엘리자베스 1세(Elizabeth I), 또는 프랑스의 소녀 영웅 잔다르크(Jeanne d'Arc)라는 설이 있음
- J(Jack) : 샤를마뉴 대제의 원탁의 기사 중 1인, 랜슬롯 듀 락(Lancelot du lac)

♥ Heart : 심장과 사랑(애정)의 뜻을 포함하며, 중세의 성직자를 의미

- K(King) : 서로마제국의 황제, 샤를마뉴(Charlemagne) 대제
- Q(Queen) : 그리스 신화에 등장하는 트로이전쟁의 원인 헬레네(Helene), 또는 유대인이 아시리아를 공격할 때 활약한 전설의 인물 유디트(Judith)
- J(Jack) : 원탁의 기사 오기에(Hogier), 또는 프랑스 백년전쟁을 끝맺은 샤를 7세(Charles VII)

[카드 인물 유래]

Suit	K(King)	Q(Queen)	J(Jack)
Spade	Hebrew king of David	Palas Atena	Lahire, Hogien Le Danois
Diamond	Julius Caesar	Biclical Rachel	Roland, Hector
Club	Alexandros the Great	Elizabeth I, Jeanne d'Arc	Lancelot du lac
Heart	Charlemagne	Helen-영 (Hélèn-프) Judith	Charles VII, Hogier

그림 카드 구성

제3절 **카드 펼치기(Cards Fanning)**

카드를 부채꼴 형태로 펼쳐서 카드의 이상 유무(인쇄, 숫자 배열, 색깔 등)를 확인하는 동작으로서 카드 운영 기초 실무이다.

① 카드의 세로 면을 엄지와 중지, 약지로 잡고, 가로 면을 검지와 소지로 받친다.

Cards Fanning ①

Cards Fanning ②

② 카드 밑부분을 검지의 감각으로 일정한 간격으로 펼친다.

③ 카드를 펼칠 때 카드 전체에 균등하게 힘을 배분하여야만 일정한 간격으로 유지하면서 펼칠 수 있다.

Cards Fanning ③

Cards Fanning ④

1. 카드 뒤집기-Chemmy(Turn Over Cards)

Face Up하여 카드의 이상 유무를 체크한 후, Face Down된 카드를 다시 뒤집는 동작이다.

① 카드를 Face Down하여 펼쳐놓고, 이상 유무를 검사한 후, 왼손으로 카드나 인디케이터 카드(Indicate Card)를 사용하여 카드를 뒤집는다.

② 이때, 오른손은 펼쳐진 카드의 끝에 위치하여 카드의 흐트러짐을 방지한다.

Turn Cards Over ①

Turn Cards Over ②

Turn Cards Over ③

Turn Cards Over ④

제4절 **카드 섞기(Cards Washing)**

카드를 고루 섞기 위한 한 방법이다.

① Face Down된 카드를 양손을 펼쳐서 카드 위에 올려놓고 섞는다.

② 왼손은 시계방향, 오른손은 시계반대 방향으로 회전시키며 충분히 섞는다.

③ 카드를 추슬러서 카드를 모은다(Cards Blocking—Cards Gathering).

④ 모은 카드를 1 Deck(Box)으로 만든다(Cards Squaring—Cards Boxing).

Cards Washing ①

Cards Washing ②

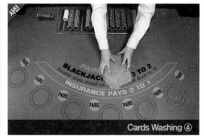

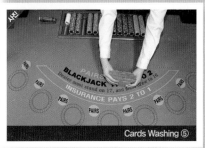

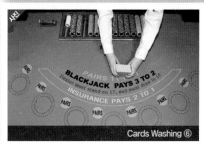

제5절 **셔플머신기(Shuffle Machine)**

근래는 각 카지노마다 사람이 직접 섞는 핸드 셔플(Hands Shuffle)도 사용하지만 셔플기계로 카드를 섞는(Shuffle Machine) 카지노업체가 늘어나고 있다.

카지노업체에서 사용하는 셔플머신은 여러 종류가 있지만 우리나라에서 사용하는 셔플머신은 다음과 같은 종류의 기계를 사용하고 있다.

1. One 2 Six Shuffle Machine

일명 물레방아 셔플기라고도 하며, 카드를 1 Deck씩 넣어서 섞는 방식의 셔플머신이다. 원하는 매수만큼 숫자를 입력하면 입력된 숫자의 카드가 섞여서 나온다.

포커 유형의 게임을 진행할 때 사용하며, 쓰리카드 포커(3 Card Poker), 캐리비언 스터드 포커(Caribbean Stud Poker), 블랙잭(Black Jack) 게임 등에 주로 사용한다.

one 2 six Shuffle Machine ①

one 2 six Shuffle Machine ②

2. MD-2 Shuffle Machine

대표적인 셔플머신기로 셔플하는 곳이 두 곳으로 한 곳에서 6~8덱을 셔플할 수 있는 장점이 있다.

① 녹색 버튼을 누르면 카드를 삽입하기 위한 기계가 올라온다.

② 카드를 Face Down하여 기계에 넣는다.

③ 다시 녹색버튼을 누르면 기계가 내려간다.

④ 셔플이 시작되며, 셔플이 완료되면 LCD창에 Card Completed라고 뜬다.

⑤ 한쪽이 셔플 완료되면 다른 한쪽을 앞의 방법과 같은 방법으로 반복한다.

⑥ 카드에 이상이 있을 때는 빨간 버튼에 불이 들어오며, 빨간 버튼을 누르면 셔플기계 양쪽이 다 올라온다.

MD-2 Shuffle Machine ①

MD-2 Shuffle Machine ②

3. Card Check Machine

카드 이상 유무를 검사하는 기계로서, 각 카지노업체의 셔플 룸(Shuffle Room)에서 핸드 셔플 후에 카드를 카드 체크기에서 다시 한 번 검사하는 기계이다.

① 전원을 켠다.

② 게임 종류나 카드 종류를 선택한다.

③ 개인정보 입력 후, 카드 덱(Deck) 수를 입력한다.

102

④ 카드를 페이스 업 상태로 넣고 우측 맨 하단의 스위치를 누른다(3회 반복).

⑤ 셔플 룸에서 핸드 셔플 후, 카드 매수, 카드 그림, 무늬, 페이스 업(Face Up)시켜 넣어서 카드 이상 유무 검사

Card Check Machine ①

Card Check Machine ②

제6절 카드 핸드 셔플(Cards Hand Shuffle)

카드와 카드끼리 촘촘하게 맞물리게 손으로 섞는 동작 및 방법을 일컫는다. 카드를 섞는 방법은 여러 가지가 있으며, 각 국가별로 다르기도 하며, 각 나라 내의 지방이나 카지노, 그리고 카지노 아카데미 등에서조차 카드 셔플방법은 천차만별이다.

한편, 현재 우리나라 각 카지노에서 행하고 있는 핸드 카드 셔플방법은 거의가 동일하지만 1967년 우리나라에 카지노가 처음 도입될 때는 필리핀에서 파견되어 온 카지노 실무자들이 카지노 전반적인 부분과 카드 셔플 및 게임 진행방법 등을 여과 없이 그대로 흡수하여 한국의 카지노 딜러들에게 전수하여 왔음은 부인할 수 없는 사실이다.

또한, 카드 셔플 방법뿐만 아니라 게임 진행방법 및 게임 기구 등의 용어 및 명칭도 한국형식으로 딜러와 딜러 사이, 간부와 후배 등의 연결고리로 전해져 왔을 뿐이며, 카지노마다 채용한 신입사원 카지노 기초 실무교육 시에도 정확한 용어와 구분된 동작 설명과 해석 없이 구두로 진행하여 왔었던 것이 한국 카지노의 1990년 후반까지의 실정이었다.

그러던 중, 1992년 한국에서는 처음으로 제주특별자치도에 카지노 전문대학이 신설되었고, 2000년 이후로 카지노 계열 대학이 많이 들어서면서 카지노에 대한 전문성을 알리고 가르치기 시작하였다.

1999년 한국에서는 처음으로 정식 카지노 아카데미가 신설되었는데 이때 학원에서 발간한 카지노 실무교본이 현재 한국 내의 대다수 카지노업체에서 복사 또는 인용하여 쓰고 있는 카지노 기초실무교본의 원조라 할 수 있다.

더불어 이 교본에 기록된 카지노 칩 워크(Chips Work)와 카드 워크(Cards Work)의 동작 설명과 그림 등이 당시 국내에서는 가장 상세하고, 정확하게 기술되어 있고, 카지노 기초실무동작 용어가 가장 올바른 것이라 할 수 있겠다.

본 저서에서는 외국의 유명 대학교재 및 올바른 도서를 참고로 하는 것은 물론, 한국인의 손에 가장 적합하고 정확한 셔플방법과 더불어 국내 카지노에서 시행하고 있는 핸드 셔플의 방법을 서술하고자 한다.

1. 카지노 기본 핸드 셔플법(Instruction to Card Shuffle)

① 중지와 엄지를 이용하여 카드의 바깥쪽과 안쪽을 잡고 딜러 쪽을 향하도록 카드를 정리하여 바로 놓는다.

② 엄지, 중지, 소지를 사용하여 카드를 가지런히 한다.

③ 1덱(Deck)의 카드를 테이블 위에 반듯이 놓은 후, 반(Half)으로 나눈다.

④ 이때, 왼쪽에 카드의 반을, 오른쪽에 나머지 반을 놓을 수 있는(Half the Deck), 즉 가급적 반반으로 나누어 놓는 감각을 익혀야 한다.

⑤ 두 개로 나누어진 카드의 반은 양끝을 서로 맞물리게 놓는다.

Half the Deck ①

Half the Deck ②

2. 카드 리플(Cards Riffle)

흔히들 셔플(Shuffle)이라고 하며, 카드를 섞는 동작이 바로 이 리플(Riffle)단계이다.

① 나누어진 카드 반 덱(Half Deck) 위에 양손을 가지런히 얹고 카드 전체에 적당한 힘을 넣는다.

② 엄지에만 힘을 주어 카드를 들어 올린다.

③ 카드의 모서리 부분이 맞물려 섞였을 때, 리플(Riffle)이 된 것이다.

④ 리플된 카드를 엄지와 검지, 중지, 약지로 잡고 양쪽 소지로 리플된 카드가 완전히 포개어질 때까지 밀어 넣는다.

⑤ 양쪽의 반 덱은 서로 같은 각도에서 밀려야 하며, 어느 한쪽이 위로 밀린다거나 해서는 안된다.

⑥ 서로 엇물려 나온 카드의 모서리를 양손의 중지로 눌러 가지런하게 만든 후, 소지에 힘을 가하여 카드를 서로 밀어 가지런하게 만든다.

Cards Riffle ①

Cards Riffle ②

Cards Riffle ③

3. 카드 사각형 만들기(Cards Squaring)

리플한 카드를 밀어 넣고, 정렬시켜서 사각형의 형태로 만드는 동작을 말한다.

① 카드를 리플하여 밀어 넣는다.

② 엇갈리게 섞인 카드 윗부분을 중지로 눌러서 일직선으로 만든다.

③ 일직선이 된 카드를 소지로 밀어 넣는다.

④ 양손 중지를 이용하여 계란을 감싸듯이 카드 옆면을 정렬(Arrange)한다.

Cards Squaring ①

Cards Squaring ②

Cards Squaring ③

Cards Squaring ④

4. 카드 갈라 넣기(Cards Stripping)

리플된 카드를 다시 섞는 동작을 말한다.

① 리플된 1덱 카드를 양손의 엄지, 중지, 약지, 소지로 반듯이 잡는다.

② 왼손 엄지, 중지, 약지, 소지는 카드의 윗부분을 1덱의 3분의 1 정도를 잡고 오른손 엄지, 중지, 약지, 소지는 덱 밑에서 떼어낸다.

③ 왼손으로 잡은 카드는 오른손으로 뺀 후, 바로 밑으로 떨어뜨린다.

④ 위의 방법을 3회 연속 반복한다.

107

⑤ 마지막으로 오른손 엄지는 카드를 받치고, 왼손 중지를 사용하여 카드를
정렬(Arrange)한다.

⑥ 왼손 사용자는 위의 방법과 반대로 하면 된다.

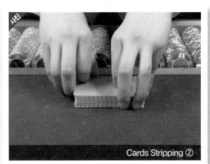

위와 같이 카드 섞는 방법을 통틀어서 카드 셔플(Cards Shuffle)이라 한다.

제7절 카드 표시하기(Cards Indicating)

카지노에서 일컫는 인디케이팅(Indicating)은 2가지 형식이 있는데 첫째는 플
레이어가 하는 인디케이트(Indicate)로 셔플 완료된 4덱 이상의 카드에 플레이
어가 원하는 부분에 표시 카드를 삽입해서 셔플된 카드를 다시 반으로 뒤바꾸
는 효과를 나타내는 것과 두 번째로는 딜러가 카드 맨 뒷부분에 일정부분 표시
(Cutting이라고도 함)하는 동작을 말한다. 게임도중 인디케이트 카드가 나오면

게임의 마지막(Last Game)을 알리는 것이다.

　① 인디케이트 카드는 2장으로 사용한다.

　② 셔플이 완료된 카드 덱의 Face 부분을 1장의 인디케이터 카드로 가리고,

　　나머지 1장은 플레이어에게 건네서 커팅(Cutting)하도록 한다.

Cards Indicating ①

Cards Indicating ②

Cards Indicating ③

Cards Indicating ④

제8절　**카드 슈에 넣기(Cards Shoeing)**

　최종적으로 딜러(Dealer)가 인디케이트(Indicate-표시)된 카드를 슈(Shoe)에 넣어서 본격적인 게임을 진행하기 위한 동작이다.

① 슈(Shoe)의 덮개를 열고, 슈(Shoe) 안의 롤러(Roller)를 뒤로 제쳐서 카드가 슈(Shoe)에 원활하게 들어 갈 수 있도록 한다.

② 카드를 삽입 후, 카드를 고르게 정렬시킨 후, 덮개를 덮는다.

Cards Shoeing

제9절 카드 나누기/놓기(Cards Drawing/Laying)

카드 나누기/놓기 동작은 여러 게임 종류가 있으나 카드 워크(Cards Work)에 서는 대체적으로 블랙잭(Black Jack)카드 분배동작을 모델로 삼는 경우가 일반 적이다. 본 교재에서도 블랙잭 딜링(Dealing)동작을 기본으로 하였다.

1. 카드 파지법

카드를 분배하기 전에 카드를 어떻게 파지하느냐에 따라서 카드 배분형태와 모양이 안정감을 더할 수 있다.

① 카드는 일명 권총 방아쇠형태의 손 모양으로 하고, 중지 위에 카드의 밑면 을 가볍게 올리고 엄지와 검지로 카드를 지탱한다.

② 엄지는 카드의 정중앙에 위치하게 해야 하며, 카드 끝을 살며시 눌러준다.

110

③ 이때 딜러가 파지한 쪽의 숫자가 보이도록 파지하는 것이 올바른 카드 파지법이다.

④ 딜러의 카드 파지법이 올바른 것인지 파악할 수 있는 것은, 카드의 양 모서리에 카드의 가치를 나타내는 알파벳이나 숫자가 새겨져 있는데 딜러의 손에 가까운 숫자는 플레이어가 볼 수 있도록 되었으며, 그 반대는 딜러가 게임 진행 시 숫자를 읽을 수 있도록 양면으로 숫자가 되어 있기 때문이다. 따라서 딜러가 손가락으로 숫자를 보이지 않게 파지하는 것은 올바른 카드 파지법이 아니다.

Cards Laying ①

Cards Laying ②

2. 카드 분배하기(Cards Drawing)

각 베팅구역(Betting Zone)에 카드를 한 장씩 분배하는 동작을 말한다.

① 슈(Shoe)의 중간에 있는 홈에 검지와 중지로 카드를 밑으로 밀어낸다.

② 슈(Shoe)의 홈에서 빠져나온 카드가 손바닥 전체로 감싸 쥐며 엄지로 카드의 밑면을 잡는다.

③ 잡은 카드를 몸 쪽 방향으로 페이스 업(Face Up)시키며 오른손으로 카드 파지법의 형태로 잡는다.

④ 카드 파지법의 손 모양 그대로 베팅구역에 카드를 내려놓는다.

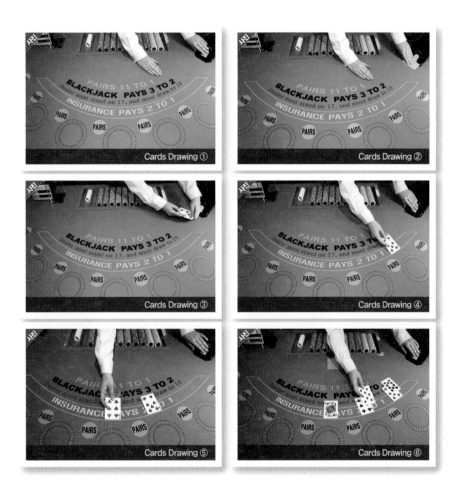

3. 하우스카드 정렬(Hole Card/House Card)

블랙잭게임(Black Jack Game)에서 베팅구역에 최초의 카드 2장(Initial 2 Card)을 분배하고 난 후, 딜러 앞의 카드 2매 중, 1매를 페이스 업(Face Up)시키는 동작이다.

① 하우스카드(House Card)는 처음에 베팅구역마다 1매씩 분배하고, 딜러 앞에는 페이스 다운(Face Down)시킨 상태로 1매를 가져다 놓는다.

② 다시 베팅구역에 1매씩 더 분배하고, 처음 분배된 딜러카드 옆모서리를 쥐고 오른쪽에서 왼쪽으로 살며시 뒤집는다.

③ 뒤집혀진 카드를 1장의 카드처럼 가지런히 정렬한다.

House Card Open ①

House Card Open ②

House Card Open ③

4. 카드 걷기(Cards Discarding)

게임이 끝난 핸드(Hand)나 하우스 카드를 수거(Take)해서 디스카드 홀더(Discard Holder)에 가져다 놓는 동작을 말한다.

① 엄지와 검지는 카드 윗면에 위치하고, 중지, 약지, 소지는 카드 뒷

Cards Discarding ①

면에 두고 카드를 파지한다.

② 오른쪽에서부터 왼쪽으로 카드를 수거한다.

③ 걷은 카드를 검지와 중지 사이에 끼운 후, 손바닥에 밀착시켜 앞으로 민다.

④ 정렬된 카드를 디스카드 홀더(Discard Holder)에 갖다 놓는다.

Cards Discarding ②

Cards Discarding ③

Cards Discarding ④

Cards Discarding ⑤

ROULETTE GAME

#04 ROULETTE GAME

제1절 **룰렛(Roulette)의 역사**

1. 룰렛의 유래

룰렛의 발명은 1655년 프랑스의 수학자 파스칼(Blaise Pascal)이 퇴임하여 수도원에 있을 때, 영구운동(Perpetual Motion=에너지를 공급받지 않아도 자동적으로 계속해서 움직이는 기계운동)을 발견하여 작은 바퀴모양을 만들어 시도하다 룰렛이라는 이름으로 지었다는 설이 있고, 프랑스의 수도사들이 수도원 생활의 지루함을 견디기 위하여 만들었다는 설도 있으며, 또한, 중국에서 만들어진 게임을 도미니쿠스(St. Dominicus, 1170~1221) 수도회의 수도사가 프랑스로 전파하였다는 설도 있다.

이러한 설을 뒷받침하는 것은 룰렛의 번호인 1에서 36까지 숫자를 모두 합하면 666이 되며, 이는 수도원에서 지옥이나 악령을 뜻하는 숫자가 되는 것이므로 수도원과 전혀 무관하다고 볼 수도 없는 이유이다.

그리스 신화에 의하면 전쟁터에서 방패를 돌려 단검을 던져 맞추는 게임이 있었다고도 하며, 로마의 황제 아우구스투스(Augustus)는 전쟁터에서 마차의 바퀴를 돌려 칼을 던져 맞추는 게임을 즐겼다는 기록이 있다.

룰렛(Roulette)의 어원(語原)은 프랑스어의 'Roue(바퀴)'와 이탈리아어 'Ette(작다)'가 합성된 말이다. 즉, 작은 바퀴란 뜻의 의미를 내포하고 있다.

룰렛은 18세기인 1842년에 프랑스 프랑수아(Francois)와 루이스 블랑(Louis Blanc)이 발명하였다. 이 두 사람은 게임이 유행하던 독일로 갔다 독일에서 이 게임을 승인했고, 이후 모나코의 초청을 받아 카지노를 설립하게 되었다. 그리고 카지노는 성공적으로 정착하였고 유럽 룰렛게임의 기초가 되었다.

2. 룰렛 휠(Roulette Wheel)의 발전

룰렛 휠도 많은 진화를 하였다. 그중 하나가 0과 00에 관한 것인데, 초기에는 싱글제로(0)가 빨간색이었고 더블제로(00)는 검정이었다. 그러다 보니 플레이어들이 자주 혼동하여 그린(Green)색으로 바뀌게 되었다.

또한, 시간이 흘러 룰렛이 발전되면서 유럽에는 언 프리즌(En Prison)이라는 옵션이 개발되었다.

언 프리즌(En Prison)이란 옵션은 유럽은 싱글제로를 쓰는데 당첨번호가 제로(0)가 나오면 동일한 금액에 대하여 다음 옵션을 할 수 있다.

첫 번째는 원래 베팅금액의 반을 가져갈 수 있고, 또는 베팅금액을 찾아오지 않고 다음 스핀까지 베팅금액으로 둘 수 있다. 이때 번호를 맞히면 배당금을 찾지만 그렇지 못하면 잃게 된다.

1843년 독일의 첫 번째 카지노 스파스(Spas)가 프랑수아 블랑(Francois

Blanc)에 의해 함부르크(Hamburg) 시에서 유럽 다른 곳에서의 더블제로 휠(Double Zero Wheel)에 대한 경쟁으로 싱글제로 휠(Single Zero Wheel)을 처음 소개하였고, 그 후로 몬테카를로(Monte Carlo), 도빌(Deauville), 산레모(San Remo) 등 유럽의 여러 지역으로 퍼져나갔다.

미국에 룰렛이 처음으로 소개된 것은 19세기 초, 루이지애나(Louisiana) 주에 거주하는 프랑스 사람에 의해서였다고 전해지며, 유럽과 아프리카 지역, 캐나다(Canada)의 일부 카지노는 싱글제로 휠을 사용하며, 미국을 비롯한 한국 등 기타 지역에서도 대부분 더블제로 휠을 도입하여 운영하고 있는 실정이다.

룰렛 휠에 대한 도입은 카지노 수익과 직접적인 관련이 있는 하우스 승률에 많은 영향을 끼치기에 이 부분은 민감한 사항이기도 하다.

또한, 룰렛 휠의 하우스 어드밴티지(House Advantage)도 여러 가지 논리가 존재하며 가장 일반적이고 신뢰할 수 있는 것은 싱글제로 휠 어드밴티지는 2.7%이고, 더블제로 휠 어드밴티지는 5.26%라 할 수 있다. 한국의 카지노업체는 대다수 더블제로 휠을 도입하여 운영하고 있다.

룰렛게임(Roulette Game)은 참으로 과학적이고 수학적인 게임이라 할 수 있다. 또한 룰렛을 확률게임(Probability Game)이라 하기도 한다.

룰렛 휠의 숫자배열에 대해서 알아보면 룰렛의 숫자를 0부터 36까지 모두 더하면 666이 되며, 36을 반으로 나누면 18이 된다.

싱글제로의 0을 중심으로 18개의 숫자와 오른쪽 18개 숫자를 비교해보면 재미난 결론이 난다.

싱글제로를 중심으로 좌측으로의 18개의 숫자는 26, 3, 35, 12, 28, 7, 29,

Single Zero Wheel

18, 22, 9, 31, 14, 20, 1, 33, 16, 24, 5인데 이 숫자를 모두 더하면 333이 된다.

반대로 싱글제로를 중심으로 우측으로의 18개 숫자는 32, 15, 19, 4, 21, 2, 25, 17, 34, 6, 27, 13, 36, 11, 30, 8, 23, 10인데 이 숫자를 모두 더하여도 333이 된다.

더블제로도 마찬가지로 싱글제로를 중심으로 좌측은 2, 14, 35, 23, 4, 16, 33, 21, 6, 18, 31, 19, 8, 12, 29, 25, 10, 27이며 이 또한 모두 더하면 333이 된다.

더블제로를 중심으로 우측으로의 18개 숫자는 28, 9, 26, 30, 11, 7, 20, 32, 17, 5, 22, 34, 15, 3, 24, 36, 13, 1인데 이 숫자를 모두 더하여도 333이 되는데, 이는 양쪽의 숫자 총합의 철저한 균형을 이루기 위한 배열이라 하지 않을 수 없다.

Double Zero Wheel

[룰렛 휠의 구성]

1. 휠 헤드(Wheel Head)
휠의 머리부분으로 강철로 만들어져 있다.
번호판 위에는 색깔별로 번호가 조합되어 인쇄되어 있다.

2. 카누(Canoes)
바울(Bowl)에 부착되어 있는 긴 마름모형태의 쇳조각으로 카누(Canoe)처럼 생겼다 하여 카누(Canoe)라고 명칭한다.
이 기능은 포켓 속으로 들어가기 전에 여기에 부딪히기도 하면서 숫자의 정확한 낙하지점을 예상하지 못하게 하는 장치이다. 각 휠마다 8개의 카누가 부착되어 있다.

3. 바울(Bowl)
특수 나무재질로 휠 헤드(Wheel Head)와 휠 전체 통판을 지탱하여 주고 볼이 자연스럽게 낙하할 수 있게 휠 헤드 쪽으로 경사지게 제작되어 있다.

4. 림(Rim)
휠의 가장 윗부분으로 이 림(Rim) 안쪽에 볼이 회전하는 휠 트랙이 있다.

5. 휠 트랙(Wheel Track)
림(Rim)의 안쪽 면에 일정한 깊이의 홈이 있는데 이것을 휠 트랙(Wheel Track)이라 한다. 딜러가 볼을 회전시켜 돌아가는 곳이다.

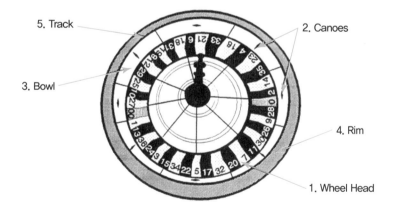

〈그림 4-1〉 Wheel 구성 및 명칭

제2절 룰렛게임 기구(Game Equipment)

카지노게임을 진행하기 위한 필수 게임 기구들의 명칭이다.

1. 게임 테이블(Roulette Game Table)

룰렛게임을 하기 위한 게임 테이블이다. 게임 테이블은 두 종류가 있는데 하나는 싱글 윙(Single Wing=한쪽 사이드)과 더블 윙(Double Wing=양쪽 사이드)으로서 카지노업체마다 조금씩 다르지만 한국의 카지노 영업장에는 대체적으로 더블 윙(Double Wing)형태의 게임 테이블이 많다.

Single Wing

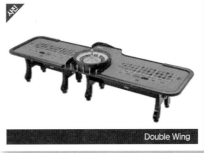

Double Wing

2. 룰렛게임 테이블(Roulette Game Table) 구성

1) 레이아웃(Layout)

룰렛게임의 베팅 존과 번호 등이 인쇄되어 있는 천

2) 플레이어 에이프런(Player's Apron)

플레이어들이 칩 등을 놓고 게임하는 구역을 말한다.

3) 머킹 에이프런(Mucking Apron)

당첨되지 않은 칩을 수거(Take)해 온 후에 칩을 줍는 장소이다.

4) 첵(Checks)

카지노에서 사용하는 칩을 일컫는다.

5) 패들(Paddle)

현금이나 수표 등을 게임 테이블 밑에 부착되어 있는 현금박스에 밀어 넣는 플라스틱 막대기를 말한다.

6) 레일(Rail)

딜러가 게임 진행을 하는 공간이며, 수거해온 칩이 테이블 밑으로 흘러내리지 않도록 약간의 높이가 있다.

7) 백보드(Backboard〈Chips Apron〉)

칩을 정리(Arrange)하여 쌓아두는 곳으로 휠을 감싸고 있으며, 휠 림(Rim)의 높이와 비슷하다.

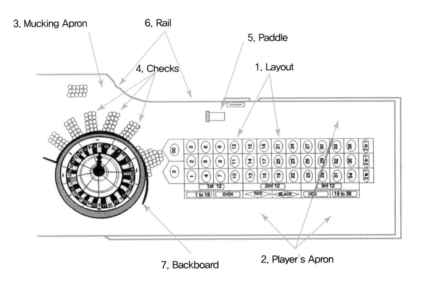

〈그림 4-2〉 Roulette Table 구성

3. 칩(Chips-Checks)

룰렛게임에서는 2종류의 칩을 사용한다. 미국에서는 칩을 첵(Check)이라고
도 하는데 Vic Taucer는 첵(Checks)에 카지노 로고가 찍혀 있고 실제 게임에서
플레이를 할 수 있으며, 화폐가치를 지니고 있으며 카지노에서 통용되는 카지노
게임 칩(Chips)을 첵(Checks)이라 정의하였다.

1) 플레이 칩(Play Chips-Non Value Chips)

금액이 적혀 있지 않은 칩으로 일명 플레이 칩이라고 한다. 색깔로 플레이어
들을 구분하며, 칩의 가격은 모두 동일하다.

Play Chips

2) 머니 칩(Money Chips)

각 칩마다 금액이 새겨져 있으며, 현금과 동일한 금액의 가치를 지닌다. 게임을 위하여 머니 칩(Money Chips)을 현금과 교환하며, 게임 종료 후에는 현금이나 수표 등으로 교환한다.

Money Chips ①

Money Chips ②

4. 룰렛 볼(Ball)

룰렛게임에서 당첨번호를 정하기 위하여 볼을 회전시킬 때 사용하는 기구로서 플라스틱에서 상아로 만든 것까지 다양하게 있으며, 무게도 각각 다르다.

125

룰렛 볼의 색깔은 대체적으로 흰색을 많이 사용하나 노란색과 파란색, 검정색과 빨간색도 있다.

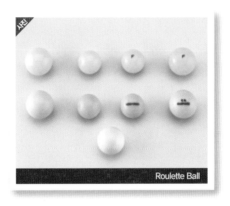

Roulette Ball

5. 번호 표시기구, 룰렛 마커(Marker)

볼이 낙착되어 당첨번호가 결정되는데 이때 당첨된 번호를 알리고, 당첨된번호 위에 올려놓는 기구이다. 재료는스테인리스부터 강철, 구리 등 다양하게있으며, 색깔도 천차만별이었으나 근래에는 주로 투명한 아교(Glue)질을 많이사용하고 있는 추세이다.

Roulette Marker

6. 룰렛 레이아웃(Roulette Layout)

앞에서 언급하였지만 룰렛게임에는 유럽 스타일의 싱글제로와 아메리카 스타일의 더블제로의 두 가지 레이아웃이 있다.

카지노산업의 발전으로 전 세계의 많은 카지노가 하우스 어드밴티지가 더 높은 더블제로 휠을 싱글제로 휠보다 선호하는 것은 당연하다 하겠다. 이제 싱글제로 레이아웃은 국내에서는 거의 찾아보기가 힘들다.

레이아웃은 녹색이 가장 많은 주류를 이루며, 파랑과 빨간색의 레이아웃도 카지노의 특성에 맞춰서 도입되고 있다. 레이아웃이 대부분 녹색인 이유는 플레이어들의 장시간 게임에 눈의 피로를 가장 적게 하는 것이 녹색이기 때문이다. 다음은 싱글제로 레이아웃의 여러 종류이다.

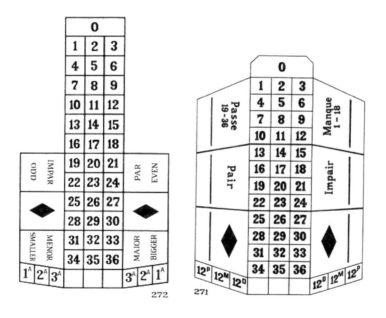

〈그림 4-3〉 Single zero Layout ①

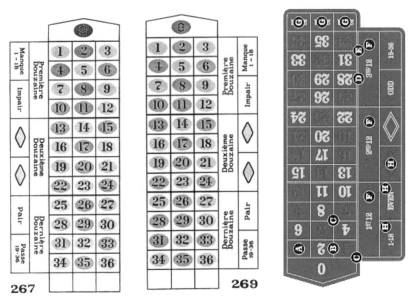

〈그림 4-4〉 Single zero Layout ②

룰렛 볼 회전(Ball Spinning)

    룰렛게임은 딜러가 룰렛 휠(Roulette Wheel)을 시계 반대방향으로 회전시키고, 볼(Ball)을 시계방향으로 돌려서 원심력에 의하여 일정시간 회전하다가 볼이 떨어져서 낙착된 번호가 당첨되는 게임이다. 룰렛게임을 진행하기 위해서는 반드시 딜러가 볼을 회전(Spinning)시켜야 하는데 카지노에서 룰렛 휠 내에 볼을 회전하는 동작을 스피닝(Spinning)이라고 한다.

볼 스핀에는 여러 방법이 있으나, 단편적인 예로써 서양 사람들의 손과 동양 사람들의 손은 크기 차이가 있으므로 이에 볼 회전시키는 방법이 다를 뿐이다.

본 책자에서는 국내 카지노에서 주로 사용하고, 동양인의 손 크기에 맞는 볼 회전방법을 설명한다.

[볼 파지법 및 볼 스핀방법]

① 볼은 각자의 손에 적당한 크기의 볼을 선택하도록 한다.
② 휠을 회전시킬 때는 휠 내 포켓(Pocket)에 있는 번호를 육안으로 확인할 수 있는 완만한 속도로 해야 한다.
③ 엄지와 중지로 볼을 가볍게 잡고 검지는 볼을 지탱하는 역할만 한다.
④ 볼은 중지의 두 번째 마디 가까이 오게 파지하고 휠 트랙(Wheel Track)에 밀착시키고, 손목 밑부분을 휠 림에 갖다 댄다.
⑤ 중지를 앞으로 끌어당기듯이 볼을 튕김과 동시에 중지를 손바닥 방향으로 구부린다.
⑥ 중지를 튕겨서 볼이 돌아가면, 주먹을 가볍게 쥔 듯한 동작으로 휠 림(Wheel Rim)에서 빠져나온다.
⑦ 이때 팔은 반드시 곧게 펴고, 손 위 등부분은 수평을 유지하며, 위로 향하게 하여야 한다.
⑧ 볼 스핀 시, 손목이 꺾이거나 손바닥이 뒤집어지면 볼이 튕겨서 휠 밖으로 나갈 수 있으므로 항상 자세에 신경 쓰도록 한다.
⑨ 볼을 스핀(Spin)하여, 볼이 휠 포켓에 안착될 때까지는 휠(Wheel) 쪽을 주시하여서는 안되며, 레이아웃을 응시하고 있어야 한다.

Ball 파지법 ①

Ball 파지법 ②

129

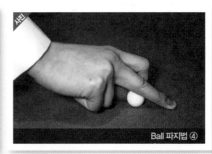

[노 스핀(No Spin) 대처요령]

볼을 회전시켰으나 여러 가지 정황에 의해서 게임을 계속 진행할 수 없는 상황이 발생할 때 대처하는 요령이다.

대체적으로 다음의 상황일 때 노 게임을 선언한다.

① 볼을 스핀(Spin)하였으나 3~4회 이상 회전이 불가능할 때

② 볼이 휠 밖으로 튕겨져 나왔을 때

③ 휠과 볼의 회전방향이 같을 때

④ 휠 안에 다른 볼이나 이물질 등이 들어갔을 때

위의 상황이 발생하였을 때에는 즉시 '노 스핀(No Spin)' 또는 '노 게임(No Game)'이라고 콜(Call)하고, 게임을 중단하든지 다시 시작한다.

[표 4-1] Roulette Wheel of Neighbours—룰렛 휠 이웃 번호

Wheel of Neighbours

Single Zero

12	35	3	26	**0**	32	15	19	4
5	24	16	33	**1**	20	14	31	9
15	19	4	21	**2**	25	17	34	6
7	28	12	35	**3**	26	0	32	15
0	32	15	19	**4**	21	2	25	17
30	8	23	10	**5**	24	16	33	1
2	25	17	34	**6**	27	13	36	11
9	22	18	29	**7**	28	12	35	3
13	36	11	30	**8**	23	10	5	24
1	20	14	31	**9**	22	18	29	7
11	30	8	23	**10**	5	24	16	33
6	27	13	36	**11**	30	8	23	10
18	29	7	28	**12**	35	3	26	0
17	34	6	27	**13**	36	11	30	8
16	33	1	20	**14**	31	9	22	18
3	26	0	32	**15**	19	4	21	2
23	10	5	24	**16**	33	1	20	14
4	21	2	25	**17**	34	6	27	13
14	31	9	22	**18**	29	7	28	12
26	0	32	15	**19**	4	21	2	25
24	16	33	1	**20**	14	31	9	22
32	15	19	4	**21**	2	25	17	34
20	14	31	9	**22**	18	29	7	28
36	11	30	8	**23**	10	5	24	16
8	23	10	5	**24**	16	33	1	20
19	4	21	2	**25**	17	34	6	27
28	12	35	3	**26**	0	32	15	19

Single/Double Zero

30	26	9	28	**0**	2	14	35	23
29	25	10	27	**00**	1	13	36	24
25	10	27	00	**1**	13	36	24	3
26	9	28	0	**2**	14	35	23	4
1	13	36	24	**3**	5	34	22	5
2	14	35	23	**4**	16	33	21	6
3	15	34	22	**5**	17	32	20	7
4	16	33	21	**6**	18	31	19	8
5	17	32	20	**7**	11	30	26	9
6	18	31	19	**8**	12	29	25	10
7	11	30	26	**9**	28	0	2	14
8	12	29	25	**10**	27	00	1	13
17	32	20	7	**11**	30	26	9	28
18	31	19	8	**12**	29	25	10	27
10	27	00	1	**13**	36	24	3	15
9	28	0	2	**14**	35	23	4	16
13	36	24	3	**15**	34	22	5	17
14	35	23	4	**16**	33	21	6	18
15	34	22	5	**17**	32	20	7	11
16	33	21	6	**18**	31	19	8	12
21	6	18	31	**19**	8	12	29	25
22	5	17	32	**20**	7	11	30	26
23	4	16	33	**21**	6	18	31	19
24	3	15	34	**22**	5	17	32	20
0	2	14	35	**23**	4	16	33	21
00	1	13	36	**24**	3	15	34	22
19	8	12	30	**25**	10	27	00	1

25	17	34	6	27	13	36	11	30
22	18	29	7	28	12	35	3	26
31	9	22	18	29	7	28	12	35
27	13	36	11	30	8	23	10	5
33	1	20	14	31	9	22	18	29
35	3	26	0	32	15	19	4	21
10	5	24	16	33	1	20	14	31
21	2	25	17	34	6	27	13	36
29	7	28	12	35	3	26	0	32
34	6	27	13	36	11	30	8	23

20	7	11	10	26	9	28	0	2
12	29	25	9	27	00	1	13	36
11	30	26	12	28	0	2	14	35
31	19	8	11	29	25	10	27	00
32	20	7	18	30	26	9	28	0
33	21	6	16	31	19	8	12	29
34	22	5	17	32	20	7	11	30
35	23	4	16	33	21	6	18	31
36	24	3	15	34	22	5	17	32
28	0	2	14	35	23	4	16	33
27	00	1	13	36	24	3	15	34

제4절 룰렛게임 진행

1. 룰렛 베팅 포지션(Betting Position)

룰렛게임(Roulette Game)은 크게 나누어서 두 가지의 베팅 포지션(Betting Position)이 있다. 첫 번째는 인사이드 존(Inside Zone)이라 하여 번호에 거는 방법을 말한다. 룰렛에는 1번에서 36번까지의 번호가 있고, 0, 00가 있다.

현재 국내 카지노업체 대다수는 주로 아메리칸 스타일(American Style)의 룰렛을 도입하여 운영하고 있는데, 이 아메리칸 스타일은 1번~36번, 0, 00로 구성되어 있으며, 총 번호 개수는 38개이다.

두 번째는 아웃사이드 존(Outside Zone)인데 넘버 존(Number Zone)을 제외한 칼럼(Column), 더즌(Dozen), 하이 앤 로(High & Low), 레드 앤 블랙(Red &

Black), 이븐 앤 아드(Even & Odd)의 베팅 존(Betting Zone)을 의미한다.

① STRAIGHT BET ② SPLIT BET ③ STREET (BASKET) BET

④ SQUARE BET ⑤ FIVE NUMBER BET ⑥ SIX NUMBER BET

⑦ COLUMN BET ⑧ DOZEN BET ⑨ HIGH/LOW NUMBER BET

⑩ EVEN/ODD NUMBER BET ⑪ RED/BLACK COLOR BET

〈그림 4-5〉 Betting Position

2. 룰렛 당첨 배당률(Roulette Payout)

인사이드 존(Inside Zone)이나 아웃사이드 존(Outside Zone)이나 각각의 베팅 명칭 및 배당률이 있다. 가장 많은 배당률은 36배에서부터 가장 적은 배당률인 이븐(Even), 즉 1배 배당률까지 다양하다.

다음은 각 베팅 존(Betting Zone)에 대한 설명이다.

1) INSIDE BET-Number Bet

① 스트레이트 벳—Straight Bet(Single Number Bet)

1개의 번호에 당첨되었을 때 35배를 지불한다.

② 스플릿 벳-Split Bet(Two Number Bet)

2개의 번호에 당첨되었을 때 17배를 지불한다.

③ 스트리트 벳-Street Bet(Three Number Bet)

3개의 번호에 당첨되었을 때 11배를 지불한다.

④ 스퀘어 벳-Square Bet[Coner Bet or Quarter Bet](Four Number Bet)

4개의 번호에 당첨되었을 때 8배를 지불한다.

⑤ 파이브 넘버 벳-Five Number Bet

5개의 번호에 당첨되었을 때 6배를 지불한다.

⑥ 라인 벳-Line Bet[Double Street Bet](Six Number Bet)

6개의 번호에 당첨되었을 때 5배를 지불한다.

2) OUTSIDE BET

⑦ 칼럼 벳-Column Bet

각 12개의 번호에 당첨되었을 때 2배를 지불한다.

⑧ 더즌 벳-Dozen Bet

각 12개의 번호에 당첨되었을 때 2배를 지불한다.

⑨ 하이 앤 로 벳-High & Low Bet

1~36의 번호 중 1~180나 19~36 중에 당첨되었을 때 1배를 지불한다.

⑩ 이븐 앤 아드 벳-Even & Odd Bet

1~36의 번호 중 짝수와 홀수에 당첨되었을 때 1배를 지불한다.

⑪ 레드 앤 블랙 벳-Red & Black Bet(Color Bet)

1~36의 번호 중 빨강과 검정에 당첨되었을 때 1배를 지불한다.

3) 룰렛 베팅구역-Roulette Betting Position

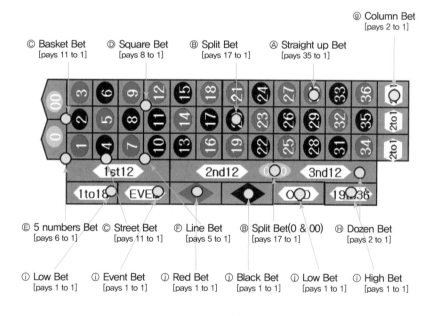

〈그림 4-6〉 **Roulette Betting Position**

3. 넘버 벳 베팅 유형[Number Bet]

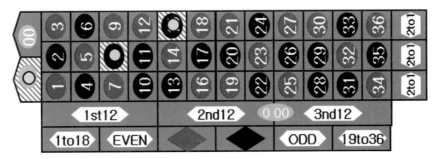

〈그림 4-7〉 Straight Bet(Single Number Bet)

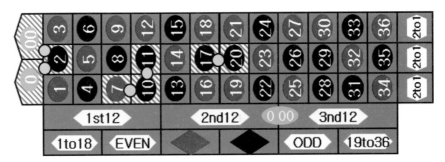

〈그림 4-8〉 Split Bet(Two Number Bet)

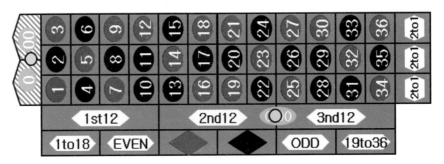

〈그림 4-9〉 Split Bet(0 · 00)

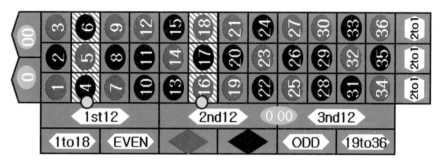

〈그림 4-10〉 Street Bet(Three Number Bet)

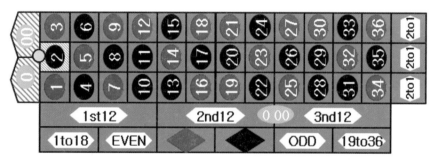

〈그림 4-11〉 Basket Bet(Three Number Bet)

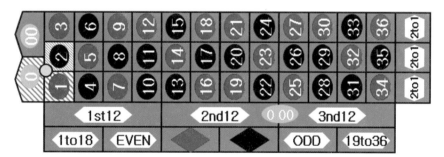

〈그림 4-12〉 Three Number Bet

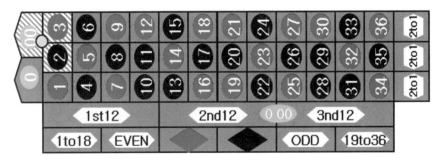

〈그림 4-13〉 Three Number Bet

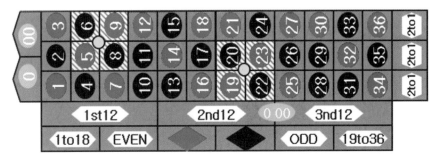

〈그림 4-14〉 Square Bet[Coner Bet or Quarter Bet](Four Number Bet)

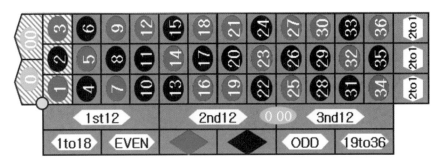

〈그림 4-15〉 Five Number Bet

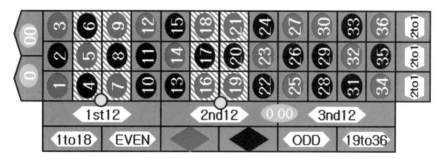

〈그림 4-16〉 Line Bet[Double Street Bet](Six Number Bet)

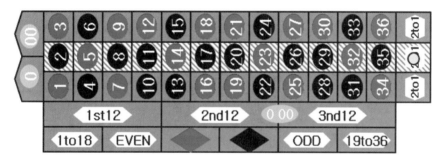

〈그림 4-17〉 Column Bet

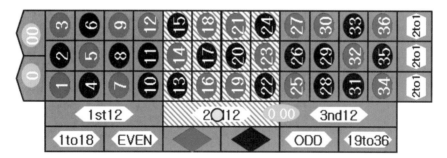

〈그림 4-18〉 Dozen Bet

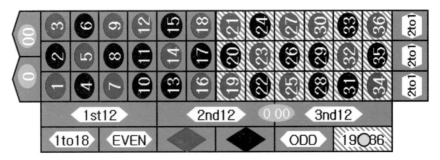

〈그림 4-19〉 High & Low Bet—High

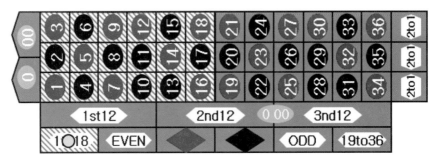

〈그림 4-20〉 High & Low Bet—Low

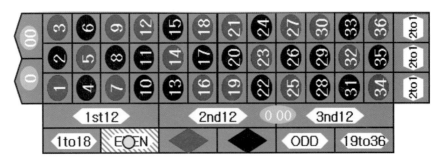

〈그림 4-21〉 Even & Odd Bet—Even

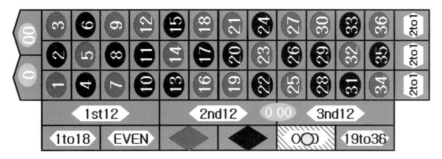

〈그림 4-22〉 Even & Odd Bet-Odd

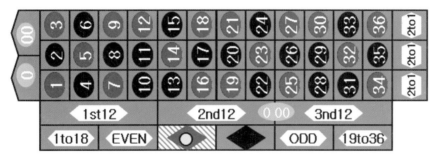

〈그림 4-23〉 Red & Black Bet(Color Bet)-Red

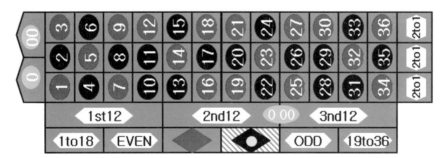

〈그림 4-24〉 Red & Black Bet(Color Bet)-Black

1) 룰렛 배당률-Roulette Pay Off

[INSIDE BET-NUMBER BET]

① Straight Bet(single number bet)	35 : 1
② Split Bet(two number bet)	17 : 1
③ Street Bet(three number bet)	11 : 1
④ Square Bet(four number bet)	8 : 1
(Coner Bet or Quarter Bet)	
⑤ Five Number Bet	6 : 1
⑥ Line Bet(six number bet)	5 : 1

[OUTSIDE BET]

⑦ Column Bet	2 : 1
⑧ Dozen Bet	2 : 1
⑨ High & Low Bet	1 : 1
⑩ Even & Odd Bet	1 : 1
⑪ Red & Black Bet	1 : 1

2) 룰렛 배당 배수-Roulette Pay Off

〈표 4-2〉 **Roulette Pay Off**

Check	35 to 1	17 to 1	11 to 1	8 to 1	6 to 1	5 to 1
1	35	17	11	8	6	5
2	70	34	22	16	12	10
3	105	51	33	24	18	15
4	140	68	44	32	24	20
5	175	85	55	40	30	25
6	210	102	66	48	36	30

7	245	119	77	56	42	35
8	280	136	88	64	48	40
9	315	153	99	72	54	45
10	350	170	110	80	60	50
11	385	187	121	88	66	55
12	420	204	132	96	72	60
13	455	221	143	104	78	65
14	490	238	154	112	84	70
15	525	255	165	120	90	75
16	560	272	176	128	96	80
17	595	289	187	136	102	85
18	630	306	198	144	108	90
19	665	323	209	152	114	95
20	700	340	220	160	120	100

3. 룰렛 패턴(Roulette Pattern)

패턴(Pattern)이란 딜러(Dealer)들이 룰렛 배당 개수와 구조를 숙지함으로써 룰렛게임 배당(Payoff) 진행에 빠른 계산과 페이(Pay)를 위하여 훈련하고 익혀야 하는 과정 중 하나이다.

또한 패턴(Pattern)은 플레이어(Player)들이 자주 베팅하는 모양새를 응용하여 익히는데 대체로 20개 내외의 패턴만 익히면 게임 진행에 큰 무리가 없다.

국내 카지노에서도 여러 가지 응용된 패턴 유형이 많이 있으나 아래의 패턴 유형이 세계적으로 통용되는 패턴으로서 미국의 카지노계열 대학에서도 이와 흡사하게 가르치고 있다.

본 교재에서는 라인 벳(3 & 5 & 6 Number Bet)과 0·00 벳 쪽의 패턴은 소개하지 않고, 인사이드 쪽의 패턴만을 소개한다.

143

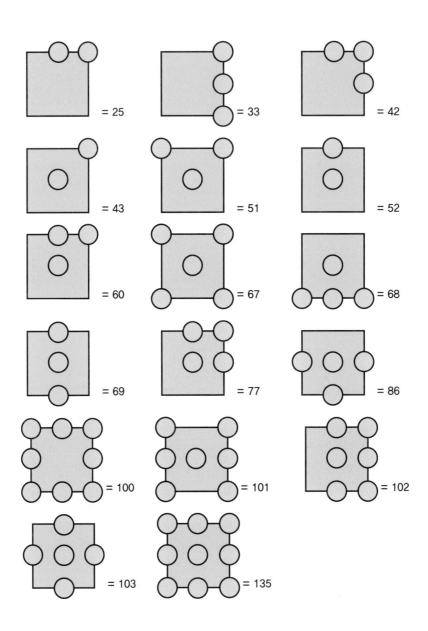

4. 베팅 유형으로 본 패턴(Pattern)

[Pattern 25]

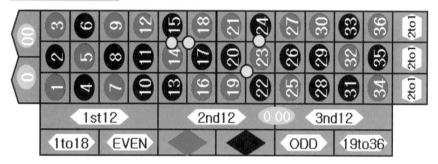

〈그림 4-25〉 Roulette Pattern-25

[Pattern 33]

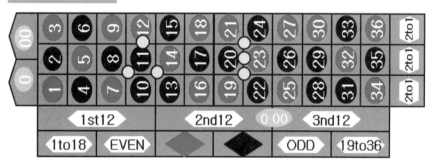

〈그림 4-26〉 Roulette Pattern-33

[Pattern 42]

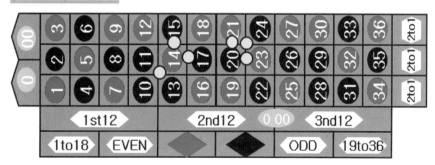

〈그림 4-27〉 Roulette Pattern-42

145

[Pattern 43]

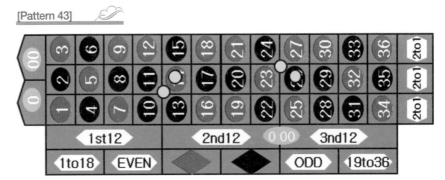

〈그림 4-28〉 Roulette Pattern-43

[Pattern 51]

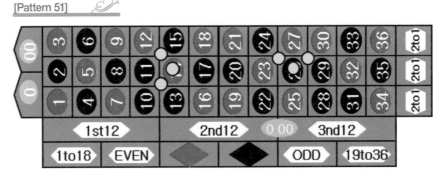

〈그림 4-29〉 Roulette Pattern-51

[Pattern 52]

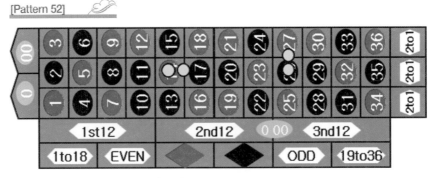

〈그림 4-30〉 Roulette Pattern-52

[Pattern 60]

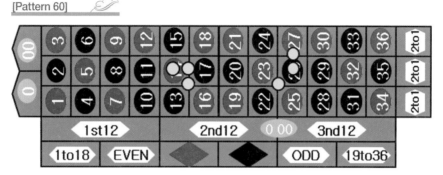

〈그림 4-31〉 Roulette Pattern-60

[Pattern 67]

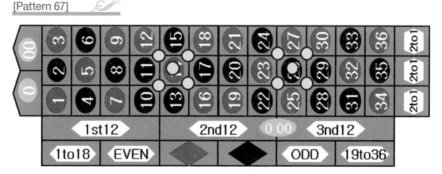

〈그림 4-32〉 Roulette Pattern-67

[Pattern 68]

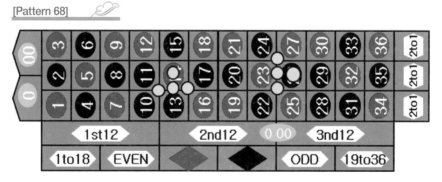

〈그림 4-33〉 Roulette Pattern-68

[Pattern 69]

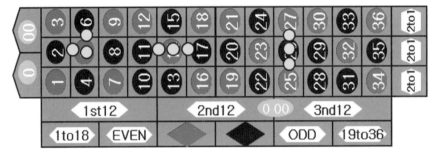

〈그림 4-34〉 Roulette Pattern−69

[Pattern 77]

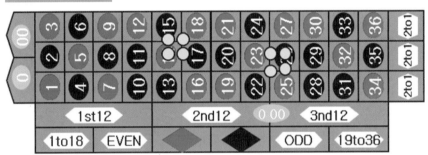

〈그림 4-35〉 Roulette Pattern−77

[Pattern 86]

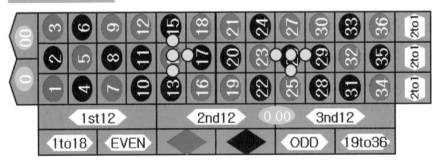

〈그림 4-36〉 Roulette Pattern−86

[Pattern 100]

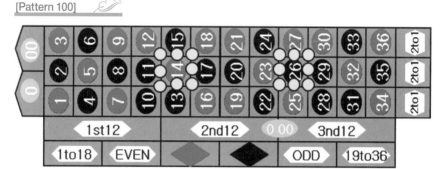

〈그림 4-37〉 Roulette Pattern−100

[Pattern 101]

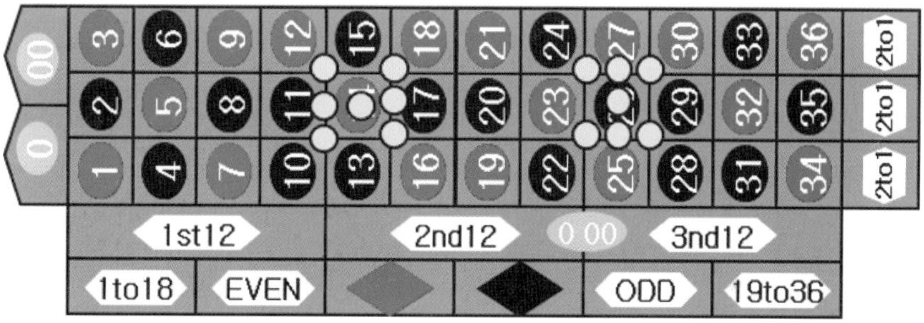

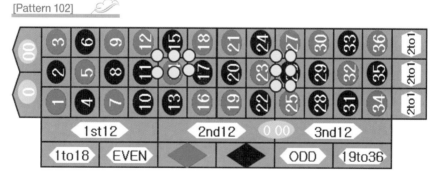

〈그림 4-38〉 Roulette Pattern−101

[Pattern 102]

〈그림 4-39〉 Roulette Pattern−102

[Pattern 103]

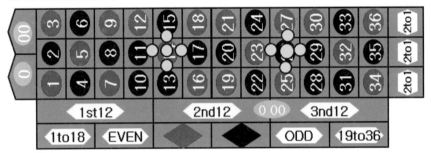

〈그림 4-40〉 Roulette Pattern-103

[Pattern 135]

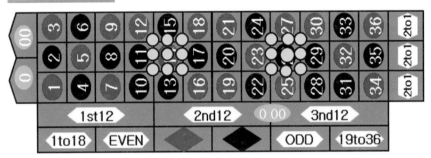

〈그림 4-41〉 Roulette Pattern-135

제5절 **룰렛 당첨번호 표시(Number Marker)**

딜러가 룰렛 휠(Wheel)에서 볼을 돌려서 볼이 낙착되면, 그 번호를 표시하여 당첨번호임을 알리는 게임 진행 동작이다.

① 플레이어들에게 베팅을 유도한다.

150

② 플레이어들의 일정한 베팅이 이루어진 다음, 볼을 스핀한다.

③ 볼이 떨어지기 2~3회전을 앞두고 플레이어들에게 더 이상 걸 수 없음을 알린다.

④ 볼이 휠에 떨어짐과 동시에 당첨번호를 마커(Marker)로 당첨번호 위에 건 칩 위에 올려 당첨번호임을 알림과 동시에 크게 콜(Call)하여 플레이어들에게 당첨번호를 알린다.

⑤ 당첨번호를 잘못 판단하여 마커하지 않았는지 다시 한 번 확인한다.

⑥ 만약 당첨번호 마커를 잘못하여 다른 번호에 마커를 하였다면, 즉시 간부에게 알려서 처리를 지시받아야 한다. 딜러 혼자서 이런 문제를 처리하려고 하여서는 절대 안된다.

Number Marker ①

Number Marker ②

Number Marker ③

Number Marker ④

제6절 테이블 주변정리(Table Clean)

당첨되어 마커(Marker)된 번호 주위의 당첨되지 않은 칩들을 당첨된 번호와 구별 할 수 있게 깨끗이 정리하는 동작이다.

① 당첨된 번호의 베팅된 칩 위에 마커를 올려놓는다.

② 양손을 사용하여 밑에서부터 위로 당첨번호(Marker)와 그 주변을 깨끗이 정리한다.

③ 손은 가지런히 펴서 칩이 손바닥 안으로 들어가지 않게 주의한다.

④ 주변 정리를 할 때에는 당첨번호와 같이 베팅되어 있는 칩들을 가급적 건드리지 않도록 조심스럽게 정리한다.

⑤ 주변정리는 당첨번호를 제외한 그 주변의 칩만 깨끗하게 정리하여야 한다.

Table Clean ①

Table Clean ②

제7절 정리된 칩 가져오기(Chips Take)

당첨된 칩을 제외한 나머지 칩을 수거(Take)해오는 동작이다. 테이크(Take)해 올 때는 주위의 칩을 건드리지 않도록 조심해서 가져오도록 한다.

① 손은 곧게 펴서 칩과 칩 사이의 공간을 잘 비집고 다닐 수 있도록 해야 한다.

② 넘버 벳 안의 칩을 수거하면서 아웃사이드 벳(Outside Bet)도 같이 수거한다.

③ 주변정리를 깨끗이 한 후, 칼럼 벳(Column Bet) 쪽부터 수거한다.

④ 칼럼 벳(Column Bet)을 수거한 후, 더즌 벳(Dozen Bet) 쪽을 수거한다.

⑤ 칩 수거는 가급적 3회 동작 내에 끝나도록 해야 한다.

⑥ 수거해 올 때 칩이 당첨번호에 베팅한 칩과 섞이지 않도록 주의한다.

⑦ 수거해 오는 칩이 많을 때에는 두 번 정도 나누어서 가져오도록 한다.

⑧ 칩을 테이크(Take)해 오는 도중 칩이 테이블 아래로 떨어졌을 경우에는 딜러가 직접 주우려 하지 말고 반드시 헬프(Helper)나 머커(Mucker), 또는 간부에게 알려서 줍도록 도움을 요청해야 한다.

Chips Take ①

Chips Take ②

Chips Take ③

Chips Take ④

제8절 당첨구역 및 당첨배당 지불하기(Chips Pay)

당첨된 인사이드(Inside)와 아웃사이드(Outside) 구역의 배당금을 지불(Pay off)하는 동작으로서 지불(Pay) 순서는 다음과 같다.

[아웃사이드 벳(Outside Bet)]

① 칼럼(Column) → ② 1배 구역(High & Low, Even & Odd, Red & Black) → ③ 더즌(Dozen)

[인사이드 벳(Inside Bet)]

① 6 Number Bet → ② 5 Number Bet → ③ 4 Number Bet → ④ 3 Number Bet →
⑤ 2 Number Bet → ⑥ Single Number Bet

[페이(Pay) 순서]

① 딜러의 몸에서 가장 먼 구역인 칼럼(Column) 벳(Bet)부터 페이(Pay)를 한다. 원래는 아웃사이드도 낮은 배당구역부터 지불하는 것이지만, 실전게임에서는 대부분 딜러의 몸에서 가장 먼 쪽부터 지불하는 것이 좋다.

② 1배 페이(Pay)를 먼저하고 2배 페이(Pay)를 하도록 한다.

③ 인사이드 벳(Inside Bet)은 6넘버 벳(Line, Double Street Bet)을 스타트로 순차로 5넘버 벳(Five Number), 4넘버 벳(Square Bet), 3넘버 벳(Street Bet), 2넘버 벳(Split Bet), 싱글 넘버 벳(Straight Bet) 순으로 지불하는 것을 원칙으로 한다.

④ 같은 구역에 여러 가지 색깔의 칩이 당첨되었다면, 칩이 적은 순서대로 지불하는 것이 좋다.

⑤ 지불은 가급적 같은 색깔의 칩의 합계에 대한 칩을 지불하는 것이 좋다.

Chips Pay ①

Chips Pay ②

Chips Pay ③

제9절 룰렛게임 운영(Roulette Game Operation)

1. 딜러 실무 수칙(Dealer Game Regulation)

① 딜러는 항상 명랑하고 미소 띤 얼굴로 딜링(Dealing)을 시작한다.

② 게임 진행 시에는 게임 테이블(Game Table)로부터 등을 보이고 돌아서는 행동을 하여서는 안된다.

③ 게임 진행하는 동안에 게임과 무관한 대화를 하여서는 안된다.

④ 룰렛(Roulette)에서 플레이어가 게임을 마친 후 플레이 칩스(Wheel Check)를 가져가는 일이 없도록 주시한다.

⑤ 게임을 계속 중인 고객에게는 베팅할 수 있는 충분한 휠 첵(Wheel Check)을 지불한다.

⑥ 모든 플레이어에게 휠 첵(Wheel Check)으로 게임할 것을 유도하여야 하며, 한 가지 컬러 칩스(Color Chips)만 사용해야 한다.

⑦ 데드 게임(Dead Game) 중에도 딜러는 잡담을 하여서는 안되며, 불필요하게 칩스를 만지는 행위(Handling)를 하여서는 안된다.

⑧ 칩스를 갖고 게임 테이블 밖으로 벗어날 경우가 생기면, 반드시 피트 간부의 확인이 있어야 한다.

⑨ 고객(Player)에게 팁(Toke)을 강요하거나, 공공연하게 요구하거나, 쟁취하여서는 안된다.

⑩ 고객(Plater)의 질문에 언제나 자신감 있게 분명하고 간략하게 대답한다. 대답 때문에 게임을 지연시키면 안되며, 대답하기 곤란한 질문은 간부에게 일임한다.

⑪ 딜러는 고객에게 어디에(Where), 어떻게(How), 베팅(Betting)해야 하는지

알려주거나 도와주어서는 안된다.

2. 룰렛 기본 보호(Roulette General Protection)

① 공이 스핀(Spin)되는 동안 딜러는 교대 등 딜링(Dealing) 외의 행동을 할
  수 없다.

② 공이 스핀(Spin)되는 동안 딜러는 레이아웃을 주시(Watch)하여 잘못된 베
  팅을 정리한다.

③ 플레이어들이 테이블 리미트(Limit)를 준수하여 베팅하는지 잘 주시한다.

④ 리미트보다 적거나 많은 베팅은 즉시 고객에게 알려 정정한다.

⑤ 칼럼 벳(Column Bet)이나 하이 벳(High Bet) 또는 세 번째 더즌 벳(3rd
  Dozen Bet) 구역에는 베팅한 칩을 정확하게 중앙에 위치하도록 습관화하
  여 패스트 포스팅(Past Posting-공이 포켓에 들어간 후에 베팅하는 행위)
  을 하지 못하게 한다.

⑥ 고객의 베팅이 확실하지 않으면 재차 물어 보아서 확인 후 정정하여 준다.

⑦ 맥시멈(Maximum)으로 넘버 벳(Number Bet)에 베팅하는 플레이어가 있다
  면 은밀히 상위 간부에게 알려준다.

⑧ 플레이어가 베팅을 늦게 하였을 경우에는 공손한 말씨로 다음에 다시 걸
  어달라고 이야기하고 그 베팅은 플레이어에게 돌려주도록 한다.

⑨ 아웃사이드 베팅(Outside Bet)에 섞여 있는 휠 첵을 잘 분리하여 처리한다.

⑩ 고객의 흐트러진 칩스를 딜러가 잘 정돈하여 게임에 열중하게 한다.

⑪ 볼이 떨어지려고 할 때, 바로 휠(Wheel)을 보지 말고, 잠시 동안 레이아웃
  을 주시하여 패스트 포스팅(Past Posting)을 방지하여야 한다.

⑫ 딜러는 항상 진행되고 있는 게임에 책임 있는 행동을 한다.

⑬ 고객과 오해의 소지가 발생하였을 때는 결코 고객에게 화를 내거나, 소리
치거나, 모욕을 주어서는 안된다.

⑭ 2명 이상의 고객이 같은 캐시 칩스(Cash Chips)로 베팅을 하면 딜러는 피
트 간부에게 알려서 베팅 장본인에 대한 분쟁의 소지를 없앤다.

BLACK JACK GAME

BLACK JACK GAME

블랙잭게임(Black Jack Game)의 유래

카드(Card)놀이는 인간문화에 있어서 가장 오래된 것 중의 하나이다. 이집트 전쟁 이전에 스포츠 게임(Sports Game)에도 나타나 있고 크리스트(Christ)가 태어나기 전 BC 2000년경에 인도(India)와 그리스(Greece)에서도 카드놀이는 전해 내려오고 있었다고 한다. 여러 종류의 카드놀이는 서유럽 시민들에게 널리 보급되었고 13세기 동안 유럽에서 귀족들이 즐기던 카드놀이는 1360년 프랑스(France)에 의해 세계적으로 카드게임의 기준이 되었다.

1440년 독일의 '요하네스 구텐베르크(Johannes Gutenberg, 1397~1468)'가 인쇄기술을 개발하여 맨 처음 성경을 인쇄했고, 같은 해에 '플레잉카드(Playing Card)'를 인쇄했다. 그 후 인쇄기술의 발달로 유럽에서는 여러 가지 형태의 카드게임이 급속히 전파되었다.

현재의 블랙잭(Black Jack)과 규칙이 비슷한 카드게임은 1490년경 이탈리아

161

(Italy)에서 처음 시작되었는데 이 게임은 현대형의 블랙잭에서 정해진 '21'이란 숫자와는 달리 'SEVEN AND A HALF(7과 1/2)' 게임을 부분적으로 변형하여 모방한 것이라고 할 수 있다. 즉, 'SEVEN AND A HALF'게임은 7과 1/2(7.5)을 초과하면 패하는 게임이다.

'21'게임이 1800년대 초에 프랑스(France)에서 처음 시작되어 미국(America) 으로 건너온 것은 1800년 중반이었다.

카드놀이에 관한 서적에는 1875년 블랙잭(Black Jack)이 벵엉(VINGT-UM)으로, 30년 후에는 벵떼엉(VINGT-ET-UM)으로 불리었고, 호주에 거주하는 프랑스인들은 이 게임을 폰툰(Pontoon)으로 불렀으나, '21'에 접근하고자 하는 기본 원칙은 동일하였다.

1910년 미국의 카지노에서 '21'게임이 처음 소개되었고, 1915년에 블랙잭게임이 완성되면서 1919년 시카고(Chicago)에서 현대형의 블랙잭 테이블(Black Jack Table)과 게임 규칙(Rule) 등이 만들어졌었다.

1931년 이후부터 네바다(Nevada) 주에서 카지노게임이 합법화되면서 블랙잭 게임이 50%를 넘는 테이블을 차지하기 시작했고, 지금은 전 세계의 어느 카지노에서든 가장 많은 테이블 수를 차지하는 것도 블랙잭게임이라 할 수 있다.

블랙잭게임의 특징은 무엇보다도 플레이어(Player) 전원이 딜러와 승패를 겨루는 게임(Beat the Dealer)으로서, 딜러는 선택의 여지가 없는 반면 플레이어는 다양한 전술을 택할 수 있어 모션게임(Motion Game)이라고도 불리며, 오늘날 카지노의 가장 대중화된 게임이라 할 수 있다.

제2절 블랙잭게임(Black Jack Game)의 정의와 특징

1. 카드의 가치(Card's Value)

카드는 각 무늬(Suit)마다 A, 1, 2, 3, 4, 5, 6, 7, 8, 9, 10, J, Q, K로 구성되어 있는데, 이중에서 A는 1 또는 11로 사용할 수 있는 유리한 점이 있으며, 10과 그림카드(J, Q, K)는 모두 10으로 계산(Count)한다.

예를 들어 A+5=6 또는 16으로 계산할 수 있으며, A+A=2 또는 12로, Q+5=15, 10+6=16, K+7=17이 된다.

① A(Ace)는 1 또는 11로 플레이어가 유리한 쪽으로 계산할 수 있다. 하지만 딜러는 플레이어와 같이 유리한 식의 계산은 할 수 없으며, 조합되는 숫자 대로 계산한다. 즉, 딜러 규칙에 나와 있듯이 A+6=7 or 17인데, 딜러는 반드시 17로 계산하여야 한다.

② 10, J, Q, K(Face Card, Picture Card)는 모두 10으로 계산한다.

③ 2, 3, 4, 5, 6, 7, 8, 9는 정해진 카드 가치(Value)대로 계산한다. A를 포함한 카드의 수를 소프트(Soft)라고 하며, A가 포함되지 않은 카드의 수를 하드 (Hard)라고 한다.

[표 5-1] 카드의 Soft & Hard 조합

	소프트(Soft)	하드(Hard)
카드 가치 (Cards Value)	A + 6 = 7 or 17	10 + 7 = 17
	A + 7 = 8 or 18	10 + 8 = 18
	A + 8 = 9 or 19	10 + 9 = 19
	A + 9 = 10 or 20	10 + 10 = 20
	A + 10 = 11, Black Jack	10 + A = Black Jack

2. 블랙잭의 정의

블랙잭게임 진행에서 최초 2장의 카드(Initial Two Card)가 반드시 A를 포함하여 10(그림카드 J, Q, K 포함)카드 2장으로 조합되는 것을 블랙잭이라 한다. 블랙잭은 반드시 다음 4가지 형태의 카드로만 조합된다.

10+A, J+A, Q+A, K+A

Black Jack의 여러 형태

3. 블랙잭 지불방법(Black Jack Pay Off - 3 to 2)

플레이어의 카드가 블랙잭으로 조합되었을 경우에는 베팅 원금의 1.5배(3 to 2)를 지불한다.

(예) 1만 원=1만 5천 원/ 2만 원=3만 원/ 3만 원=4만 5천 원/ 4만 원=6만 원,

5만 원=7만 5천 원/ 7만 원=10만 5천 원/ 9만 원=13만 5천 원/ 10만 원=15만 원

Black Jack Pay Off ①

Black Jack Pay Off ②

Black Jack Pay Off ③

4. 블랙잭게임(Black Jack Game)의 특징

블랙잭게임(Black Jack Game)은 카드의 합이 21이 최고의 숫자이며, 21 가까이 카드를 조합하는 사람이 이기는 게임이다.

또한, 플레이어(Player)는 21 또는 21에 가까운 수를 만들기 위하여 플레이어(Player) 자신이 원하는 만큼의 카드를 추가로 받을 수(Hit)도 있고, 받지 않을 수(Stay)도 있다.

하지만 딜러는 플레이어(Player)와 달리 16까지는 의무적으로 받아야 하며, 17 이상은 받을 수 없다(Dealer must draw 16 and stand on all 17).

5. 블랙잭게임 기구 명칭(Black Jack Equipment)

블랙잭(Black Jack)게임에서 사용하는 카드 및 칩, 그리고 기구 명칭들이다.

① Table(Layout) : 게임 테이블과 레이아웃

② Playing Card : 게임용 카드

③ Chips : 현금 칩

④ Chips Tray(Rack) : 칩스 용기

⑤ Indicate Card : 표시 카드

⑥ Shoe : 카드를 담아 두는 용기

⑦ Discard Holder : 게임이 끝난 카드를 수거해 두는 용기

⑧ Limit Board(Placard) : 베팅 최저액과 최고액을 숫자로 알리는 판

⑨ Paddle : 현금이나 수표를 테이블 밑에 부착된 통에 밀어 넣는 기구

1) 블랙잭 테이블(Black Jack Table)

높이는 약 950~980mm로 지름 1,100~1,300mm, 폭 2,100~2,300mm 등의 다양한 종류가 있다. 테이블 하단에는 현금 및 수표 등을 넣는 드롭박스(Drop Box)와 토크박스(Toke Box)가 부착되어 있다.

Black Jack Game Table ①

Black Jack Game Table ②

레이아웃의 바탕색도 여러 가지가 있으나 주로 녹색(Green)이 주류를 이루며, 남색(Deep Blue), 빨강색(Red) 등을 염색한 펠트(Felt) 또는 울(Wool)에 베팅 포지션(Position) 및 블랙잭의 규칙(Rule)을 실크인쇄하여 제작된 것이 대부분이다.

레이아웃의 베팅 포지션은 크게 두 종류로 6핸드(Hand)와 7핸드(Hand)의 스타일이다. 근래의 국내 카지노에는 블랙잭게임의 상단에 페어게임(Pair Game)을 할 수 있는 베팅구역(Betting Area)을 인쇄하여 놓은 테이블도 상당수 있다.

(2) 플레잉카드(Playing Card)

블랙잭에서 사용하는 카드는 종이에 특수 코팅처리를 한 것으로 탄력성이 있어 쉽게 구부러지거나 찢어지고 뒤틀리는 현상이 거의 없는 특별히 제작된 카드를 사용한다. 카드의 뒷면에는 대체로 각 카지노의 로고와 카지노 명이 인쇄되어 있으며, 최근의 블랙잭에서 사용하는 카드는 일반 테이블에서 사용하는 카드와는 조금 다른 면이 있는데, 대체적으로 카드에 인쇄되어 있는 숫자나 영문의 크기가 크며, 특히 A(Ace)카드의 네 귀퉁이에는 카드리더기(Card Reader) 사용을 위하여 각각 A가 인쇄되어 있다.

각 카지노마다 사용하는 카드의 질은 조금씩 다르나 일반적으로 미국에서 제작되는 플레잉(Playing)카드인 비(Bee)카드를 많이 사용하는 추세이다.

Bee Playing Card

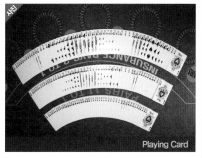

Playing Card

비(Bee)카드 또한 재료와 무게가 조금씩 다르며, 각 카지노에서 주문을 받아 각 카지노의 로고와 문양 등을 제작 인쇄하여 납품하는 경우가 일반적이다.

(3) 칩(Cash or Money Chips, Check〈미〉, Cheque〈영〉)

블랙잭에서 사용하는 칩(Check)은 현금 칩(Cash Chips)으로 각 칩마다 금액이 적혀 있다. 각 카지노별로 자체적으로 금액별 색깔을 정해서 색으로도 금액을 구별할 수 있도록 제작하여 사용한다. 각 카지노의 칩은 카지노에서 자체적으로 설계하여 제작하고 사용하므로 타 카지노에서 중복 사용으로 인한 카지노끼리의 혼란이 발생할 수도 있다.

칩의 컬러와 문양 및 로고 등은 카지노에서 자체적으로 설계하여 칩 제작회사에 의뢰하여 납품받는데, 칩 제작 시 고액 칩에는 고유번호를 기입하거나 칩자체에 위조방지를 할 수 있는 특수한 제작기법을 각 카지노마다 도입하여 칩을 제작한다. 특히 근래의 칩 제조방법에는 홀로그램(Hologram)을 삽입하여 칩 위조를 방지하고 있다. 특히, 마카오(Macao)의 모든 대형 카지노에는 이 홀로그램(Hologram)기법을 도입하여 칩 제작에 사용하고 있다.

현재, 우리나라 카지노에서는 한 곳도 이 홀로그램(Hologram)을 칩에 도입하여 제작, 사용하는 카지노는 없으나 앞으로는 이 홀로그램(Hologram)을 칩에 주입하는 방식을 채택하고자 하는 카지노가 늘어날 것으로 예상하고 있다.

Chips의 유형

(4) 칩 용기(Chips Tray, Rack)

테이블게임에서 칩을 담아두는 용기이며, 금속으로 제작되어 있다. 칩은 금액별로 칩 용기(Rack)에 넣는데, 한 줄에 50개씩의 칩을 채워서 관리한다.

한국 카지노의 칩 용기에 칩을 정렬하는 방법은 왼쪽부터 고액 칩을 한 줄씩 채워 넣는 것이 일반적이다.

랙(Rack)에 칩을 정렬할 때는 20개씩 두 줄과 10개를 넣어 20개 사이마다 마커 칩(Plastic Chip)을 넣어서 개수를 파악하기 쉽도록 한다.

Chips Rack

카지노의 영업 간부들은 칩 용기 속의 개수 파악(Chips Inventory)을 하는데 있어서 20개씩의 칩 정렬로 판단하며, 테이블 밸런스(Balance)를 체크할 때에도 이러한 칩 정렬형태로 파악한다.

(5) 인디케이트 카드(Indicate Card)

카드 셔플 완료 후에, 플레이어들에게 커팅을 받는 카드이기도 하며, 카드 맨 뒷부분의 일정 매수에 인디케이트 카드를 삽입하여, 게임 도중 인디케이트 카드가 나오면 게임의 마지막을 알리는 역할을 한다.

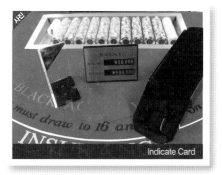

Indicate Card

색깔은 빨간색과 노란색, 그리고 흰색 등으로 다양하다.

(6) 카드 슈(Cards Shoe)

게임을 본격적으로 진행하기 위한 카드 배분용 케이스이다. 구두같이 생겼다고 해서 슈(Shoe)라고 부른다.

슈(Shoe)의 크기는 게임 형식과 게임 진행에 따른 슈에 몇 팩의 카드 덱(Deck) 수를 넣느냐에 따라서 슈(Shoe)의 크기가 다르다.

국내의 카지노에서의 상황을 살펴보면 예전에는 블랙잭게임의 통상적인 덱수는 4덱으로 운영하는 것이 일반적이었으나 근래는 고객의 요구사항과 더불어 카지노 운영의 적절성을 분석하여 6덱을 사용하는 카지노가 많아졌다.

슈(Shoe)의 재질은 나무(Wood)로 만든 것도 있으나 대다수 아크릴(Acrylic)로 제작된 것을 사용하고 있다. 색상은 검정색부터 흰색, 반투명 흰색 등이 주류를 이루고 있다.

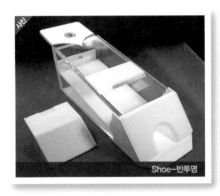
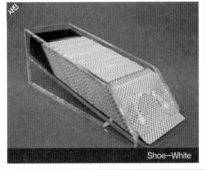

최근에는 위의 투명한 아크릴 슈(Shoe) 보다는 아래 그림과 같이 슈에 전자장치를 설치한 Engel Eye Shoe를 더 많이 선호한다.

Engel Eye Shoe는 카드에 내장되어 있는 칩을 읽어서 카드가 슈에서 나오면 어떤 숫자인지를 전광판에 보여준다.

또한, 게임 종류에 따라서 승패의 결과까지도 확인하고 전광판에 표시되도록 하는 장치가 내장되어 있다.

Engel Eye Shoe ①

Engel Eye Shoe를 이용하여 승패를 보여주는 시스템

Engel Eye Shoe ②

One 2 Six - 측면

One 2 Six - 전면

Engel Eye Shoe와 더불어 많이 사용되는 슈는 One 2 Six(일명 물레방아 슈)이다. One 2 Six는 다양한 게임에 적용하여 사용되는데 그 대표적인 게임이 블랙잭(Black Jack), 캐러비안 스터드 포커(Caribbean Stud Poker), 쓰리 카드 포커(3 Card Poker), 카지노 워(Casinp War) 등이다.

(7) 디스카드 홀더(Discard Holder)

게임에서 사용한 카드를 정리하여 두는 것으로, 4덱형의 크기와 6덱형의 크기 두 종류가 있다. 외국 카지노의 경우 1덱을 사용하는 카지노도 있으므로 1덱형 디스카드 홀더도 있다.

테이블에 부착하는 고정형이 있으며, 이동할 수 있는 비고정형도 있다. 재질은 아크릴과 황동(Brass)으로 만든 것들이 있다. 색상도 흰색과 반투명색 흰색, 검정, 황동색 등으로 다양하다.

Discard Holder의 종류

Discard Holder-아크릴

(8) 리미트 보드(Limit Board, Placard)

카지노의 모든 게임 테이블에는 리미트(Limit), 즉 베팅 최저액(Minimum)과 베팅 최고액(Maximum)이 있는데 이러한 베팅 상한가를 알리는 숫자를 부착하여 게임 테이블에 배치해 놓는 기구를 리미트 보드(Limit Board)라고 한다. 변경이 가능하도록 숫자는 탈부착식의 자석형을 사용하는 카지노업체도 있다.

Limit Board

(9) 패들(Paddle)

게임 테이블에서 플레이어들의 현금(Cash)이나 수표(Check) 등을 칩으로 교환하여 주고 테이블 내에 부착되어 있는 드롭박스에 집어넣는 플라스틱 기구이다. 또한 게임 진행의 원활함과 칩 부족과 넘침 현상을 방지하기 위한 칩 휠(Chips Fill)과 칩 컬렉션

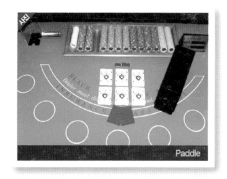

Paddle

(Chips Collection) 용지를 드롭박스 등에 넣을 때도 사용한다.

제3절 **블랙잭게임(Black Jack Game) 진행**

블랙잭게임을 진행하기 위해서는 정확하고 올바른 카드 드로잉(Card Drawing)이 이루어져야 한다. 또한, 반드시 카드 배분순서에 입각해서 드로잉 (Drawing)하여야만 한다.

[블랙잭카드 드로잉 지침]

① 플레이어(Player)의 베팅 칩이 베팅 존(Betting Zone) 밖이나 중간에 있다면 정식 베팅으로 인정할 수 없다. 따라서 딜러는 카드를 드로잉(Drawing)하기 전에 항상 플레이어들의 정확한 베팅이 이루어졌는지 살펴보아야 한다.
② 딜러는 카드가 슈(Shoe)에서 나오기 전에 각 테이블의 리미트(Limit-최저, 최고 베팅액)를 확인하여야 한다.
③ 카드는 딜러(Dealer)의 왼쪽에 있는 플레이어(Player)부터 드로잉(Drawing)되어야 한다.
④ 왼손으로 카드를 뽑고, 오른손으로 옮겨져 카드의 하단 쪽을 잡고, 카드는 페이스 업(Face Up)된 상태로 베팅 박스(Betting Box)의 라인 아래에 내려놓는다.
⑤ 플레이어와 딜러는 각 한 장씩을 먼저 드로잉(Drawing)하여 분배하고 나서 두 번째 카드도 같은 방법으로 한 장씩 분배한다.
⑥ 이때, 다른 플레이어와 카드가 섞이거나 카드를 더 분배하거나 덜 분배하여서는 절대로 안된다.
⑦ 플레이어들에게 먼저 카드를 한 장씩 나누어준 후, 딜러도 한 장을 받는다.
⑧ 딜러의 첫 번째 카드는 랙(Rack) 앞쪽이나 카드리더기 앞에 놓는다.
⑨ 두 번째 카드는 각 플레이어에게 분배된 첫 번째 카드의 좌·하 방향에 놓는다.
⑩ 두 번째 카드는 첫 번째 카드의 절반 정도에 놓이도록 해야 한다.
⑪ 딜러의 두 번째 카드는 첫 번째 카드를 페이스 업(Face Up)시켜 두 번째 카드 위에 올려놓는다.
⑫ 딜러의 왼손은 항상 슈(Shoe)의 앞부분을 가린 채, 언제든지 카드를 뽑을 수 있는 준비동작으로 있어야 한다.

제4절 **블랙잭게임 규칙(Black Jack Game Rule)**

블랙잭게임(Black Jack Game)에는 몇 가지의 게임 규칙이 있다. 카지노게임 중 플레이어들이 가장 많은 게임 진행에 참여할 수 있는 게임이 바로 이 블랙

잭게임이기도 하기에 플레이어들의 게임 운영에 따라 하우스 어드밴티지(House Advantage)도 많은 차이가 날 수 있기도 하다.

다음은 블랙잭게임의 진행방법 및 규칙, 지불방법 등에 대한 설명이다.

1. 버닝카드(Burning Card)

블랙잭게임 진행을 하기 전에 슈(Shoe)에서 몇 장의 카드를 페이스 다운(Face Down)된 상태로 디스카드 홀더(Discard Holder)에 갖다 놓는다.

이러한 버닝카드(Burning Card) 실행은 플레이어들의 카드 카운팅(Card Counting)을 방지하기 위한 카지노 측의 예방조치의 일종으로서 각 카지노마다 버닝카드(Burning Card)의 매수는 조금씩 다르다. 버닝카드(Burning Card) 매수뿐만 아니라 버닝카드(Burning Card) 실시방법 및 실시상황도 각각 다른데, 1990년대 초 동남아지역의 마카오 내 모 카지노에서는 매 핸드(Hand)가 끝날 때마다 버닝카드 1장씩을 번(Burn)하는 경우도 있었다.

국내의 카지노에서는 대체적으로 2장의 카드를 버닝(Burning)하는 것으로 하우스 룰(House Rule=Casino Rule)로 정한 곳이 많다.

Burning Card ①

Burning Card ②

2. 블랙잭 페이(Black Jack Pay 3 to 2)

블랙잭(Black Jack)이란 게임 중 A(Ace)를 포함한 10(J, Q, K)카드가 조합되었을 때 블랙잭(Black Jack)이라 하며, 플레이어가 블랙잭인 경우에는 베팅금액의 1.5배(3 to 2, 1 and 1/2)를 지불하게 되어 있다.

블랙잭은 반드시 최초의 2장의 카드(Initial 2 Card)의 조합에 의한 것만 인정하며, 페어 스플릿(Pair Split)하여 만들어진 블랙잭 형태는 블랙잭이 아니라 '21'로 조합된 카드 숫자로 판단한다.

특히 10(J, Q, K 포함) 계열의 스플릿(Split)이나 A의 스플릿(Split) 시에 블랙잭과 유사한 21 조합이 이루어지므로 딜러들은 각별한 주의를 요한다.

Black Jack Pay 3 to 2 ①

Black Jack Pay 3 to 2 ②

Black Jack Pay 3 to 2 ③

Black Jack Pay 3 to 2 ④

3. 페어 스플릿(Pair Split)

블랙잭(Black Jack)게임 운영 중에는 최초의 2장이 같은 패(Pair), 즉 숫자가 같은 카드로 조합되었을 때는 각각의 카드를 분리시켜 게임을 진행할 수 있는데 이러한 블랙잭게임 규칙을 페어 스플릿(Pair Split) 또는 줄여서 스플릿(Split)이라고 하며, 문양(Suit)은 같지 않아도 상관없지만 반드시 같은 숫자끼리 조합이 이루어진 상태에서만 스플릿(Split)이 가능하다.

스플릿을(Split)을 하고자 하는 플레이어들은 반드시 처음 베팅한 베팅 원금과 동일한 액수만큼 재베팅을 해야만 스플릿(Split)이 가능하다.

[예시] A+A, 5+5, 7+7, 10+10, J+J, K+K

한편, 페어 스플릿(Split)은 하우스 룰(House Rule)로 정하여 반드시 같은 숫자로 하지 않아도 스플릿을 허용하는 카지노도 있다. 하지만 이러한 룰(Rule)은 각 카지노에서 고객 유치 및 게임 운영방식에 의한 각 카지노 자체적인 결정이므로 이러한 유사한 룰(Rule)을 블랙잭 룰(Black Jack Rule)로 혼돈하여서는 안 된다.

플레이어가 스플릿을 원할 때 딜러는 최초의 베팅과 동일한 금액인지를 확인하고 베팅한 금액을 나누어서 놓는다.

카드를 스플릿할 때에는 최초 2장의 카드 중 위쪽에 놓인 카드를 딜러 오른쪽 방향으로 이동시키고, 스플릿한 왼쪽의 카드부터 게임을 진행한다.

플레이어는 21을 초과하지 않은 상태에서는 얼마든지 카드를 더 받을 수 있으나, 21을 초과하게 되면 그 핸드(Hand)는 패하게 되므로 딜러는 베팅금과 카드를 테이크(Take)한다.

또한, A(Ace)를 스플릿한 경우에는 각 핸드(Hand)에 한 장씩의 카드만 가로로 눕혀서 분배한다. 이처럼 한 장만 분배하는 것은 A카드에 10(J, Q, K 포함)이 조합되면 블랙잭으로 생각할 수 있으므로 이러한 상황을 미연에 방지하기 위해서 표시하는 딜링(Dealing)기법이다.

스플릿을 몇 회까지 허용하는 것은 각 카지노마다 다르며, 하우스 룰로 정하여 스플릿 횟수를 규정하여 두는 것이 일반적이다. 또한 몇 차례의 스플릿 횟수 허용 여부뿐만 아니라 스플릿 후, 처음 카드에만 적용되는지와 두 번째와 세 번째 카드에도 스플릿이 가능한지의 여부도 하우스 룰로 정하기 나름이다.

또한, 스플릿한 핸드는 서렌더(Surrender)할 수 없다.

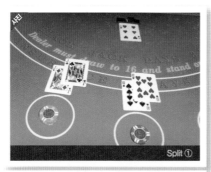
Split ①

Split ②

Split ③

Split ④

Split – A Pair

4. 더블 다운(Double Down)

블랙잭(Black Jack)게임 룰 중 하나인, 더블 다운(Double Down)은 최초로 배분된 카드(Initial 2 Card) 2장에 한해서만 항상 가능하다.

더블 다운(Double Down)은 원금 베팅액과 동일한 금액을 재베팅하여야 하고, 추가카드는 오로지 한 장만 받을 수 있다.

최초 베팅금액과 재베팅금액은 베팅구역 안에 나란히 붙이고, 추가카드는 가로로 눕혀서 1장을 분배한다. 최초 2장의 카드인 상태에서는 조합된 숫자에 관계없이 더블 다운이 항상 가능하지만 추가로 카드를 더 받을 수는 없다.

반면에, 스플릿을 적용하여 게임을 진행하는 상황에서는 대체적으로 더블 다운을 허용하지 않는 카지노가 대다수이며, 행여 스플릿(Split) 상황에서도 더블 다운을 허용하는 사례가 있다면 그것은 블랙잭 룰(Rule)이 아닌 하우스 룰(Rule)이다. 또한, 더블 다운을 한 상태에서는 서렌더(Surrender)가 허용되지 않는다.

Double Down ①

Double Down ②

Double Down ③

5. 이븐 머니(Even Money)

이븐 머니(Even Money)는 딜러의 오픈된 카드(Face Up Card)가 A(Ace)이고, 플레이어의 카드조합이 블랙잭일 경우에 적용되는 게임 룰이다.

이븐 머니의 뜻은 1배란 뜻으로, 플레이어의 카드조합이 블랙잭이면 원래 1.5배를 받는데, 행여 딜러의 카드를 오픈하여 블랙잭이면 서로 비기므로(Push, Tie) 블랙잭 배당금은 물론 일반 배당금도 받지 못한다.

그래서 딜러의 숨겨진 카드(Face Down Card)를 오픈하여 블랙잭 유무를 확인하기 전에 플레이어에게 1.5배 대신 1배를 먼저 지불(Pay)받겠느냐는 의사를 확인하는 절차이다.

이때, 플레이어가 1.5배가 아닌 1배를 받겠다고 하면, 최초 베팅금과 동일한 금액을 지불하고 카드는 수거(Take)한다.

반면에 플레이어가 이븐 머니를 거부하면 딜러는 페이스 다운(Face Down)된 카드를 확인 후, 블랙잭 여부를 알려서 딜러가 블랙잭이면 비기게 되고, 블랙잭이 아닌 경우는 1.5배를 지불하고, 카드는 테이크(Take)하게 된다.

Even Money ①

Even Money ②

6. 인슈어런스(Insurance-Pays 2 to 1)

블랙잭게임 룰에서 인슈어런스(Insurance-보험)란, 딜러의 오픈된 카드(Face Up)가 A(Ace)일 경우에 적용되는 게임 룰로, 만약에 딜러의 페이스 다운(Face Down)된 카드가 10카드(J, Q, K 포함)일 경우에는 블랙잭이 된다.

딜러가 블랙잭이 되면 플레이어들은 블랙잭이 아닌 경우 모두 패(Lose)하게 되므로 딜러가 블랙잭이라고 예상되면 플레이어들은 처음 베팅한 원금의 절반 까지 걸 수 있다.

플레이어들의 베팅이 끝난 후, 딜러는 페이스 다운(Face Down)된 카드를 확 인하여 블랙잭이라면 플레이어가 인슈어런스(Insurance)에 베팅한 금액의 2배 를 지불한다. 그러나 블랙잭이 아니라면 인슈어런스(Insurance)에 베팅한 금액 은 잃게 된다.

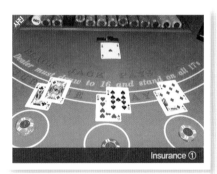

Insurance ①

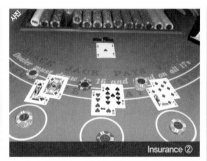

Insurance ②

Insurance Bet ③

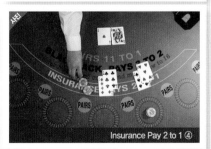

Insurance Pay 2 to 1 ④

인슈어런스(Insurance) 베팅은 여러 상황에 따라 달라지지만 대체적으로 플레이어의 카드 합계가 17 이상일 경우에 보험으로 많이 건다고 볼 수 있다. 하지만 플레이어의 카드 합계가 12에서 16 이하일 경우 인슈어런스는 걸지 않는 것이 게임 확률적으로 좋다는 것이 통계로 나와 있다.

인슈어런스를 적용하는 당시의 딜러가 보유한 A는 블랙잭게임에서 가장 유용하고 가치 높은 카드로 볼 수밖에 없기 때문이다. 또한 17 이하의 카드 합계로는 인슈어런스 베팅금과 오리지널(Original) 베팅금 둘 다 잃을 수 있기 때문이기도 하다.

딜러는 플레이어의 인슈어런스 베팅 마감을 위하여 반드시 라스트 콜(Last Call)이라고 콜(Call)하여 베팅 마감을 알려야 한다. 라스트 콜 이후에 인슈어런스에 베팅한 것은 인정하지 않는다.

7. 서렌더(Surrender)

블랙잭게임 룰의 서렌더(Surrender)란 플레이어가 최초 2장의 카드를 받고 나서 게임에 이길 자신이 없다고 판단될 때 행하는 게임 옵션으로서 처음 베팅한 원금의 반을 포기하겠다는 게임 의사표현이다.

게임을 포기하겠다는 플레이어의 표현은 말로서 서렌더(Surrender)를 알리기도 하며, 손동작(手話)으로 표현하기도 한다. 손동작 표현은 플레이어의 좌측에서 우측으로 손가락으로 평행선을 그으면 서렌더(Surrender)를 하겠다는 의사로 간주한다.

플레이어가 언어나 손동작으로 서렌더를 표현하면 딜러는 '서렌더'를 콜하여 플레이어에게 재인식시키고, 플레이어가 처음 베팅한 칩(Chip)의 절반을 스프레드(Spread)하거나 칩을 반으로 나누어 키를 재서(Sizing) 반드시 절반을 확인한 후, 테이크(Take)한다. 어떤 카지노에서는 하우스 룰로 딜러카드가 A일 때에는 서렌더(Surrender)를 할 수 없도록 하우스 룰(House Rule)로 정한 곳도 있다.

Surrender ①

Surrender ②

Surrender ③

Surrender ④

Surrender ⑤

8. 힛 & 스테이(Hit & Stay)

블랙잭게임(Black Jack Game)은 플
레이어들의 게임 진행 의사를 반영하는
게임이다. 따라서 처음 분배되는 2장의
카드(Initial 2 Card) 이후부터 플레이어
들은 각자의 판단과 느낌에 따라 카드
를 추가로 더 받거나(Hit), 더 이상 받지
않을 수(Stay)도 있다.

21을 최고의 가치로 규정하는 블랙잭게임에서는 21을 초과하지 않는 범위 내
에서는 얼마든지 카드를 더 받을 수 있다.

9. 페어게임(Pair Game-Pairs 11 to 1)

블랙잭게임과 전혀 다른 독자적인 단순한 게임이 페어게임(Pair Game)이다.
페어게임(Pair Game)은 최초 카드 2장(Initial 2 Card)이 한 쌍(Pair)이 되면 이
기는 게임이다. 다음은 페어게임의 기본 진행방법이다.

① 블랙잭게임을 위한 베팅을 걸도록 유도한다.

② 페어게임을 위한 베팅을 유도한다.

③ 플레이어와 딜러카드를 각각 2장씩 분배한다.

④ 2장씩 배분된 카드 중에서 한 쌍(Pair)이 되지 않은 핸드의 베팅은 모두 테
이크(Take)하고, 한 쌍이 된 핸드는 페이(Pay) 후, 게임을 계속 진행한다.

⑤ 페이(Pay)는 11배를 지불한다.

⑥ 블랙잭게임을 위한 베팅은 하지 않고, 페어게임 벳(Pair Game Bet)에만 걸

어서 게임을 진행할 수는 없다.

Pair Game 베팅의 예 ①

Pair Game 베팅의 예 ②

Pair Game 페이의 예 ①

Pair Game 페이의 예 ②

제5절 카드리더기 사용법(Instruction to Card Reader)

블랙잭게임 진행 시 페이스 업(Face Up)되어 있는 하우스카드(딜러카드) 밑에 있는 페이스 다운(Face Down)된 카드 숫자를 확인할 때 사용하는 기계이다.

이 기계가 도입되기 전까지는 카드의 밑면을 들어서 숫자를 확인하는 재래적 인 방법을 사용하였었다.

1. 10(J, Q, K)카드가 딜러 앞에 놓여 있을 때 카드리더기(Card Reader) 사용법

블랙잭게임 진행 시, 페이스 업(Face Up)시킨 하우스카드가 10이나 J, Q, K와 같은 카드가 놓였을 때, 페이스 다운(Face Down)된 카드의 숫자를 확인하는 절차이다.

이때, 카드리더기(Card Reader)를 사용하여 페이스 다운(Face Down)된 카드의 숫자가 A이면 딜러는 블랙잭이 되므로 그대로 카드를 오픈(Open)하여 블랙잭을 확인시킨 후, 플레이어 중 블랙잭인 핸드를 제외하고 다른 플레이어의 핸드는 모두 패하므로 게임은 여기서 종료된다.

① 카드의 왼쪽 하단 모서리와 오른쪽 상단 모서리를 엄지와 검지로 각각 잡는다.

② 카드 하단 쪽에 있는 카드의 숫자가 카드리더기에 삽입되도록 한다.

③ 카드리더기(Card Reader)에 있는 숫자를 읽는다.

④ 카드리더기(Card Reader)에서 A(Ace)가 읽히면 블랙잭이라고 콜(Call)한 뒤, 카드 전체를 오픈(Open)하여 확인시킨다.

⑤ 카드리더기(Card Reader)에 A(Ace)가 아닌 다른 숫자이면 그대로 게임을 진행한다.

Instruction to Card Reader ①

Instruction to Card Reader ②

2. A(Ace)카드가 딜러 앞에 놓여 있을 때 카드리더기(Card Reader) 사용법

A(Ace)카드가 오픈(Open)되어 있는 상황에서는 블랙잭게임 룰인 인슈어런스 (Insurance)가 적용된다.

① 카드를 가로로 눕힌 후, 왼쪽 하단 모서리와 오른쪽 상단 모서리를 엄지 와 검지로 각각 잡는다.

② 카드를 카드리더기(Card Reader)에 삽입시킨다.

③ 카드리더기(Card Reader)에 있는 숫자를 읽는다.

④ 카드리더기(Card Reader)에서 10, J, Q, K가 읽히면 블랙잭이라고 콜(Call) 한 뒤, 카드 전체를 오픈(Open)하여 확인시킨다.

⑤ 카드리더기(Card Reader)에 10, J, Q, K가 아닌 다른 숫자이면 게임을 진 행한다.

Instruction to Card Reader ③

Instruction to Card Reader ④

187

제6절 하우스카드 오픈 방법(Instruction to House Card Open)

플레이어(Player)의 게임 진행이 모두 끝나면 딜러는 하우스카드(Hole Card)를 뒤집어 숫자를 합산하여 승패를 결정해야 한다. 하우스카드(House Card)를 뒤집는 방법은 몇 가지가 있는데 여기에서 소개하는 것은 국내 카지노에서 가장 많이 사용하는 일반적인 오픈(Open)방법이다.

① 엄지와 검지, 중지로 카드를 잡고 가볍게 들어올린다.

② 카드를 딜러 몸 쪽으로 일직선이 될 때까지 끌어당긴다.

③ 하단에 깔려 있던 카드를 엄지에 약간의 힘을 주어 밀어서 뒤집고, 위에 있던 카드는 오른쪽 옆에 가지런히 놓는다.

④ 세 번째와 네 번째 카드는 오른쪽으로 나란히 정렬시킨다.

House Card Open ①

House Card Open ②

House Card Open ③

House Card Open ④

블랙잭게임의 확률(Probability of Black Jack Game)

 카지노의 모든 게임에는 게임 확률(Probability of Game)이 있다. 블랙잭에도 카드의 매수에 따른 확률이 있으며, 플레이어에 대한 확률도 있고, 딜러에 대한 확률도 있다.

 딜러의 하우스카드(Hole Card)에 따라 블랙잭과 21에서 17까지 조합될 수 있는 확률과 버스트(Bust)될 수 있는 확률도 있다.

1. 플레이어(Player)와 딜러(Dealer)의 블랙잭(Black Jack) 조합 확률

 플레이어(Player)와 딜러(Dealer)가 게임 중 블랙잭이 조합되는 확률을 말한다. 카드 덱(Deck) 수와 카드 수 감소 등의 요인에 따른 블랙잭 조합 확률은 큰 차이가 없으나 블랙잭 조합이 되는 확률은 플레이어가 딜러보다 더 높다.

[표 5-2] 블랙잭 조합 확률

카드 Deck	Player Black Jack 조합 확률	Dealer Black Jack 조합 확률
1	4.83%	3.67%
2	4.78%	4.21%
4	4.76%	4.48%
6	4.75%	4.56%

2. 최초 2장(Initial 2 Card)의 카드의 합의 확률

최초에 분배하여 주는 2장의 카드로 조합되는 숫자의 확률이다. 백분율로 계산하였으며, A(Ace)는 1과 11 중 유리한 쪽으로 계산한 확률 결과이다. 아래의 표는 카드 1 Deck 기준으로 한 확률이다.

[표 5-3] Initial 2 card 합의 확률

카드의 합	경우의 수	확률
21	64	4.83%
20	136	10.26%
19	80	6.03%
18	86	6.49%
17	96	7.24%
16	102	7.69%
15	112	8.45%
14	118	8.90%
13	128	9.65%
12	124	9.35%
11	64	4.83%
10	54	4.07%
9	48	3.62%
8	38	2.89%
7	32	2.41%
6	22	1.66%
5	16	1.21%
4	6	0.45%
총경우의 수	1,326	100.00%

3. 딜러(Dealer) 추가카드(1장)에 따른 조합 확률

딜러(Dealer)의 최초 2장의 카드가 조합이 된 수에서 17 이하인 조합에서 추가 1장을 더 받았을 때 조합되는 수의 확률을 말한다.

딜러(Dealer)의 최초 2장의 카드가 17 이상이면, 더 이상 추가카드를 받지 않지만 16 이하일 경우는 무조건 17까지는 의무적으로 카드를 뽑아야 하는 상황이므로, 이 확률 분석표는 블랙잭게임 분석에 상당한 의미가 있으며, 플레이어 입장에서는 이런 확률분석을 암기하고 있으면 게임의 승패에 큰 영향을 미칠 수 있을 것이다.

특이한 것은 16 이하에서 카드를 추가로 받을 경우, 17, 18, 19, 20, 21의 수로 조합되는 확률보다 버스트(Bust=Over)되는 확률이 훨씬 높게 나타났다.

이러한 현상은 소프트(Soft-A가 포함된 카드의 조합 수) 조합 수에도 마찬가지로 나타났으며, 하드(Hard, 일반적인 카드 조합 수) 조합 수가 소프트 조합 수보다는 버스트(Bust)될 확률이 약간 낮게 나타났다. 이러한 추가카드 조합 확률은 실진게임에도 그대로 적용시킬 수 있다.

예를 들어, 플레이어들도 소프트 조합 수를 제외한 하드 조합 수에서 12에서 16까지는 추가카드 한 장을 더 받지 않고 게임을 진행하는 것이 버스트(Bust)가 될 확률이 더 낮아질 것이라는 결론에 도달할 수 있다.

버스트(Bust)가 되지 않는다는 것은 게임 승률이 높아지는 결과와 같다고 할 수 있다. 물론 확률은 일종의 통계로서 매번 같은 확률로 나타나는 것은 아니다. 딜러의 서플(Shuffle)과 플레이어의 커팅 등의 사소한 영향에도 확률에는 큰 영향을 끼칠 수 있다.

[표 5-4] 추가카드에 따른 카드 조합 확률

2장의 카드 수 합 계	확률	Dealer Must Stand on Soft 17					
		1-More Draw Card 확률					
		21	20	19	18	17	Bust
21	4.83%	100%	0	0	0	0	0
20	10.26%	0	100%	0	0	0	0
19	6.03%	0	0	100%	0	0	0
18	6.49%	0	0	0	100%	0	0
17	7.24%	0	0	0	0	100%	0
16	6.49%	7.69%	7.69%	7.69%	7.69%	7.69%	61.55%
15	7.24%	8.28%	8.28%	8.28%	8.28%	8.28%	58.60%
14	7.69%	8.92%	8.92%	8.92%	8.92%	8.92%	55.40%
13	8.45%	9.60%	9.60%	9.60%	9.60%	9.60%	52.00%
12	8.90%	10.34%	10.34%	10.34%	10.34%	10.34%	48.30%
11	4.83%	34.22%	11.14%	11.14%	11.14%	11.14%	21.22%
10	4.07%	11.14%	34.22%	11.14%	11.14%	11.14%	21.22%
9	3.62%	6.08%	12.00%	12.00%	12.00%	12.00%	22.84%
8	2.87%	6.94%	12.86%	12.86%	35.94%	12.86%	24.46%
7	2.41%	7.49%	7.49%	6.18%	15.64%	36.95%	26.25%
6	1.65%	9.72%	10.17%	10.64%	10.63%	16.55%	42.29%
5	1.21%	10.95%	11.40%	11.75%	12.46%	12.34%	41.10%
4	0.44%	11.13%	11.61%	12.02%	12.74%	13.06%	39.44%
Soft 16	1.21%	12.92%	12.92%	12.92%	12.92%	12.92%	35.40%
Soft 15	1.21%	13.46%	13.46%	13.46%	13.46%	13.46%	32.70%
Soft 14	1.21%	14.00%	14.00%	14.00%	14.00%	14.00%	30.00%
Soft 13	1.21%	14.55%	14.55%	14.55%	14.55%	14.55%	27.25%
Soft 12	0.44%	15.10%	15.10%	15.10%	15.10%	15.10%	24.50%
Total	100%	12.13%	17.61%	13.43%	13.95%	14.65%	28.23%

4. 딜러의 페이스 업(Face Up) 카드 확률

블랙잭게임 진행 시, 분배된 최초의 2장의 카드 중 1장을 오픈(Open)하는 딜러카드의 확률을 가리킨다. 또한, 표 오른쪽의 확률은 딜러카드 2장을 모두 오픈(Open)하였을 때 조합될 수 있는 카드 수의 합계에 대한 확률이다.

카드 1덱에 가장 많은 10, J, Q, K 카드로 인하여 10이 오픈될 확률과 20이 될 확률이 가장 높게 나타났다. 또한, 3번째 추가카드 수 조합으로 버스트될 확률이 20이 되는 확률보다 훨씬 높다는 점에 주목할 필요가 있다.

Up Card	Up카드 확 률	확률					
		21	20	19	18	17	Bust
Ace	7.69%	36.12%	13.04%	13.04%	13.04%	13.04%	11.72%
10	30.77%	11.14%	34.22%	11.14%	11.14%	11.14%	21.22%
9	7.69%	6.08%	12.00%	35.08%	12.00%	12.00%	22.84%
8	7.69%	6.94%	6.94%	12.86%	35.94%	12.86%	24.46%
7	7.69%	7.41%	7.86%	7.87%	13.78%	36.86%	26.22%
6	7.69%	9.71%	10.17%	10.62%	10.62%	19.39%	39.49%
5	7.69%	10.83%	11.28%	12.36%	12.36%	12.23%	41.66%
4	7.69%	11.13%	11.42%	12.73%	12.73%	13.05%	39.66%
3	7.69%	11.48%	12.01%	13.20%	13.20%	13.51%	37.38%
2	7.69%	11.81%	12.37%	13.66%	13.66%	13.66%	35.35%
Total	100%	12.01%	18.00%	13.99%	13.99%	14.73%	27.97%

5. 딜러의 최종 카드 조합 확률

"딜러는 반드시 17이 되면 카드를 더 받을 수 없다(Dealer must draw to 16

and stand on all 17)"는 블랙잭 룰에 의거하여 최종적으로 딜러가 조합되는 카드의 조합된 합계 수에 대한 확률을 말한다.

여기에서도 딜러가 버스트를 할 확률이 가장 높게 나타났다.

딜러 최종 카드 조합	Bust	21	20	19	18	17
확률	28.23%	12.13%	17.61%	13.43%	13.95%	14.65%

6. 블랙잭게임 베팅 전략

① 딜러가 100번(Hand)의 게임을 했을 경우 승패의 결과는 다음과 같다.

Black Jack Table

* Dealer Win=52.63 Hand(5.26 Hand Win)
* Player Win=47.37 Hand

② 플레이어가 11일 경우 블랙잭 룰을 적용하여 게임을 진행한다고 예상하면 다음과 같은 확률이 나타난다.

	B/J Rule	Win	Lose	Push
Player 11	Hit	53.08%	27.34%	19.58%
	Double Down	56.41%	24.76%	18.83%

194

③ 하우스카드가 A(Ace)일 때[인슈어런스(Insurance) 상황], 플레이어의 카드 조합에 따른 딜러의 블랙잭 가능성 확률이다.

Player Card	No 10 Card [5+7, 6+8]	One 10 Card [10+8, Q+9]	Two 10 Card
Dealer B/J 가능성	32.65%	30.0%	28.57%

BACCARAT GAME

#06 BACCARAT GAME

제1절 **바카라게임(Baccarat Game)의 역사**

바카라(Baccarat)의 역사는 고대 에트루리아(Etruscan)의 아홉 신들의 의식 연구에 기초하여 FIEX FALGUIRE에 의해서 만들어졌다 한다. 바카라(Baccarat)는 이전의 숫자게임에 의하여 고안되었으며 유럽의 BACCARAT EN BANQUE, CHEMIN DE FER는 이탈리아의 바카라(Baccarat)게임의 원조이며 1483년부터 15년간 재위한 찰스 8세 때 프랑스 상류사회에서 크게 유행하기 시작하였으며 1940년대 플로리다와 카리브 연안에서 성행하였던 CHEMIN DE FER를 1950년대 TOMMY RENZONI가 쿠바의 GEORGERAFT 카지노에서 배워 네바다(Nevada)에 소개하였고 1958년 라스베이거스 SRARDAST 카지노에 SHMMY란 이름으로 등장하여 오늘날의 네바다 스타일 바카라(Nevada Style Baccarat)로 정착하게 되었으며 우리나라에는 1970년대에 보급되어 카지노에서 가장 인기 있는 게임으로 자리 잡고 있다. BACCARAT EN BANQUE, CHEMIN DE FER, PUNTO BANCO, BACCARAT 등 다양한 이름으로 불리지만 BAC-

199

CARAT EN BANQUE는 플레이어(PLAYER)가 5이고 뱅커(BANKER)가 6 이하이면 플레이어가 세 번째 카드(Third Card)를 받을 것인가, 안 받을 것인가를 결정할 수 있는 룰을 제외하면 세계 카지노에서 가장 쉽게 배울 수 있다는 점과 다른 게임과 비교하여 가장 단순하며, 패턴(Pattern)작성으로 얻어지는 예측 가능성이 있는 게임으로 인기가 가장 높은 게임 중의 하나이다.

이탈리아어로 '0'을 의미하는 바카라(Baccarat)는 16세기 초 유럽의 귀족들이 시작한 가장 전통 있는 갬블링(Gambling)이다. 플레이어(PLAYER), 뱅커(BANKER) 중에서 카드의 합이 9에 가까운 쪽에 베팅한 사람이 이기는 게임으로 전 세계 카지노에서 쉽게 찾아볼 수 있는 게임으로 특히 동양인 고객과 고액 게임 참가자들에게(High Roller) 인기가 많다.

바카라(Baccarat)는 원래 유럽의 귀족들이 즐겼던 게임이었기 때문에 다른 테이블게임과는 조금 떨어진 곳에 두고 운영해 왔다. 아직까지도 메인 바카라(Main Baccarat)를 다른 테이블게임과는 간격을 두고 운영하고 있는 이유가 여기에서 비롯된 것이다. 또한 테이블 크기나 장식도 훨씬 세련되고 고급스럽다. 하지만 귀족의 게임이었던 바카라(Baccarat)는 이제 상당히 대중화되었다. 이는 바카라의 대중화를 위해 메인 바카라의 레이아웃(Layout)을 다소 변형시킨 미디 바카라(Midi Baccarat)와 미니 바카라((Mini Baccarat)를 만들었기 때문이다. 바카라(Baccarat)에는 크게 세 종류가 있는데, 두 종류의 유럽식 바카라와 미국 바카라이다.

미국 카지노의 바카라는 플레이어(PLAYER)와 뱅커(BANKER)라 불리는, 자칫 그 의미가 헷갈리기 쉬운, 두 패만을 사용하는데, 손님들은 매판 아무 쪽에나 베팅할 수 있다. 이 게임은 딜러 또는 아무나 원하는 손님이 각 패에 카드 두 장씩을 나누어주는 것으로 시작된다. 처음 두 장이 8이나 9이면 내추럴(Natural)이라 부르고, 내추럴 9(Natural 9)가 바카라에서 가장 좋은 패이다.

제2절 바카라게임(Baccarat Game)의 개요

바카라(Baccarat)게임은 국제적으로 정해진 게임 룰(Rule)에 의하여 진행되는 카드게임(Card Game)으로서, 카드 숫자의 합이 나인(9=Nine)이 최고로 높은 숫자이며, 플레이어(PLAYER)와 뱅커(BANKER), 그리고 타이(Tie)로 총 3개의 베팅 사이드(Side)가 있어, 플레이어(PLAYER)는 어느 한쪽을 선택하여 베팅(Betting)할 수 있다.

딜러가 처음에 2장의 카드를 플레이어(PLAYER)나 뱅커(BANKER)에 베팅한 플레이어에게 각각 나누어주거나 오픈(Open)하고, 바카라(Baccarat)게임 룰에 의하여 게임을 진행하며 나중에 숫자의 합을 비교하여 9에 가까운 쪽이 이기는 게임이다.

1. 바카라(Baccarat)게임 테이블(Game Table) 종류

바카라(Baccarat)게임의 종류에는 다음의 3가지 게임 테이블 유형이 있다.

1) 미니(小) 바카라(Mini Baccarat)

베팅 액션이 가장 적은 바카라게임 테이블로서 딜러가 게임 룰에 의거해서 딜러가 일방적으로 게임을 진행하는 형식의 테이블이다.

2) 미들(中) 바카라(Middle Baccarat)

미니 바카라와 메인 바카라가 조금 변형된 테이블로서 동양인들(특히, 중국인)을 위하여 만들어진 게임 테이블 형태이다.

플레이어들이 카드를 쪼일(Squeeze) 수 있으며, 미니 바카라보다 베팅 맥시멈(Maximum)이 더 큰 테이블로서 최대 8~10명까지 게임이 가능하다.

미들 바카라부터 디퍼런스(Difference)가 적용되어 플레이어들 간의 무한한 베팅이 가능한 게임 테이블이기도 하다.

3) 메인(大) 바카라(Main Baccarat)

베팅 금액이 가장 큰 바카라게임 테이블이며 외국에서는 지금도 그러하며, 국내의 카지노에서도 한때는 턱시도(Tuxedo)를 입고 카드 주걱(Scoop)으로 플레이어에게 카드를 배분하는 전통이 있었다.

카지노게임 중에서 가장 베팅 금액이 큰 테이블이며, 하이 롤러(High Roller= 고액 베팅 갬블러)들을 쉽게 볼 수 있는 곳이기도 하다.

2. 디퍼런스(Difference)

바카라(Baccarat)게임 테이블에서는 다른 카지노게임 테이블에서 볼 수 없는 특수한 베팅 상황이 있다.

디퍼런스(Difference)란 쉽게 얘기하면 차액이란 뜻으로 플레이어(PLAYER)나 뱅커(BANKER) 쪽에 베팅한 금액의 일정부분을 더 걸 수 있는 베팅 전략이다.

예를 들어, 카지노에서 한 메인(Main) 바카라 테이블의 맥시멈(Maximum)을 한화 ₩50,000,000(오천만 원), 디퍼런스(Difference)를 한화 ₩30,000,000(삼천만 원)으로 정하였다는 가정하에, A란 갬블러가 플레이어(PLAYER) 사이드(Side)에 ₩50,000,000(오천만 원)을 걸었다면 B란 갬블러는 뱅커(BANKER) 쪽에 디퍼런스 ₩30,000,000(삼천만 원)을 더 보태어 ₩80,000,000(팔천만 원)까지 더 걸 수 있다는 것이다.

즉, 맥시멈에다 디퍼런스(Difference) 차액금을 더 걸 수 있으므로 서로 다른 쪽 사이드에 맞베팅을 한다면 그 베팅액은 무한정으로 올라갈 것이다.

3. 리미트(Limit)

카지노의 모든 게임에는 테이블별로 각각 최저액(Minimum)과 최고액(Maximum)이 정해져 있는데 이것을 게임 테이블 리미트(Table Limit)라고 한다.

테이블 리미트에는 세 가지의 유형이 있는데 다음과 같이 운영된다.

1) 테이블 리미트(Table Limit)

테이블 리미트(Table Limit)는 카지노에서 정한 게임 테이블의 최고액(Maximum)을 플레이어들의 총 베팅한 금액을 합산해서 계산하는 방식이다.

예를 들어, 맥시멈(Maximum)이 ₩10,000,000이라면 플레이어 한 명이 천만원을 베팅하여도 상관없고, 3명이 같이 나누어서 베팅하여도 관계없이 게임을 진행하는 방식으로서 베팅 인원에는 상관없이 맥시멈을 초과하지 않으면 되는 것이다.

2) 개인 리미트(Personal Limit)

개인 리미트(Personal Limit)는 플레이어 한 명당 주어지는 맥시멈(Maximum)으로 일정 금액을 넘게 걸 수 없는 방식이다.

예를 들어, 개인 리미트(Personal Limit)가 ₩1,000,000이라면 한 명의 플레이어가 걸 수 있는 금액은 맥시멈(Maximum)이 백만 원이며, 백만 원을 초과하여 베팅할 수 없다는 것이다.

3) 혼합 리미트(Table & Personal Limit)

혼합 리미트(Table & Personal Limit)란 테이블 리미트(Table Limit)와 개인 리미트(Personal Limit)를 병행해서 적용하는 방식이다.

예를 들어, 테이블 리미트(Table Limit) 맥시멈(Maximum)을 ₩10,000,000으로 하고, 개인 리미트(Personal Limit) 맥시멈(Maximum)을 ₩2,000,000으로 정한 게임 테이블에서 게임을 하려면, 혼자서는 이백만 원 이상의 베팅을 할 수 없으며, 전체 플레이어들의 베팅액이 천만 원을 초과할 수 없는 규정이다.

이런 리미트 규정은 각 카지노에서 플레이어들의 성향에 따라서 조절하고 정하는데 대체적으로 테이블 리미트(Table Limit)는 일반 게임 전체에 적용하며, 개인 리미트(Personal Limit)와 혼합 리미트(Table & Personal Limit)는 미디 바카라(Midi Baccarat)나 메인 바카라(Main Baccarat)에 적용하여 운영하는 카지노가 대다수이다.

제3절 바카라게임 기구(Game Equipment)

---

1. 바카라게임 테이블 & 레이아웃(Baccarat Game Table & Layout)

바카라게임 기구도 블랙잭게임과 동일한 기구를 사용한다. 다만, 미들 바카라나 메인 바카라에 사용하는 디스카드 홀더(Discard Holder)의 형태가 다를 수 있고, 플레이어(PLAYER) 사이드(Side)와 뱅커(BANKER) 사이드(Side)를 표시하는 마커(Marker)가 있고, 메인 바카라에서는 플레이어에게 카드를 건네줄 때 사용하는 스쿠프(Scoop)가 있다.

1) 바카라게임 테이블(Baccarat Game Table)

3종류의 게임 테이블이 있으며, 레이아웃(Layout)의 색도 녹색, 파랑, 검정, 빨강 등 다양하다.

Mini Baccarat Game Table

Middle Baccarat Game Table

Main Baccarat Game Table ①

Main Baccarat Game Table ②

2) 바카라 레이아웃(Baccarat Layout)

바카라 레이아웃은 각 나라별로 조금씩 다르다. 플레이어들의 오랜 시간 게임 유도를 위해 눈에 피로를 가장 적게 주는 녹색 계열의 레이아웃이 주류를 이루지만 카지노마다 색상과 레이아웃 형태가 다양하다.

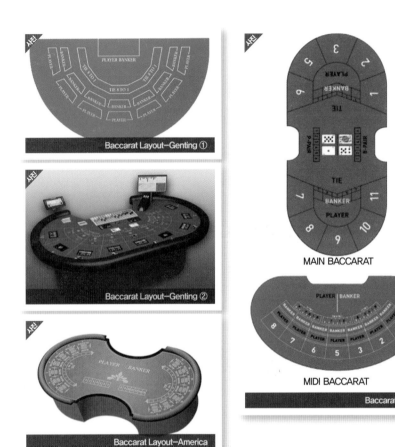

Baccarat Layout–Genting ①

Baccarat Layout–Genting ②

Baccarat Layout–America

MAIN BACCARAT

MIDI BACCARAT

Baccarat Layout

2. 플레이어(PLAYER)/뱅커(BANKER) 마커(Marker)

바카라(Baccarat) 게임에서는 플레이어들이 카드를 쪼일 수 있는데, 이때 어떤 플레이어에게 카드를 건네주는 것인지를 알리는 표시이다.

주로 가장 많은 금액을 베팅한 플레이어의 좌석번호에 마커를 위치하고 카드 분배를 한다. 행여 같은 금액이 베팅되었을 경우 먼저 베팅한 플레이어에게 마커하는 것을 원칙으로 하든지, 앉은 번호 순서대로 마커하는 것이 일반적이다.

PLAYER/BANKER Marker

3. 디스카드 실린더(Discard Cylinder or Discard Bin)

블랙잭(Black Jack)이나 미니 바카라(Mini Baccarat)와 같은 게임 테이블에서는 일반적으로 오픈(Open)된 디스카드 홀더(Discard Holder)를 주로 사용하며, 원통형의 디스카드 실린더(Discard Cylinder)는 미디 바카라(Midi Baccarat) 이상의 테이블에서 사용하는 것이 일반적이다. 디스카드 실린더는 8덱(Deck) 이상 사용한 카드를 임시 보관할 수 있다는 장점이 있다.

Discard Cylinder

재질은 아크릴이나 플라스틱이 있으며, 황동의 재료도 있다. 색상도 흰색과 황동, 검정색 등으로 다양하다.

4. 스쿠프(Scoop)

메인 바카라에서 주로 사용하는 것으로 테이블의 폭과 길이가 일반 테이블보다 넓으므로 카드를 분배할 때 스쿠프(Scoop)를 사용하는 경우가 있다. 재질은 주로 나무(Wood)로 된 것을 사용하며, 탄력성이 좋고 잘 휘어지는 것을 사용한다.

Baccarat Scoop ①

Baccarat Scoop ②

제4절 게임 진행(Game Process)

1. 카드 카운팅(Card Counting)

바카라(Baccarat)의 뜻은 카드놀이의 일종으로 표시되어 있기도 하며 '0' 또는 바보 등 좋지 않은 의미로도 해석된다.

카지노게임의 바카라(Baccarat)는 일반 테이블게임과는 다른 식으로 카드카운팅(Card Counting)이 이루어진다. 카드 계산방법은 아래와 같다.

208

① A=1로 계산

② 2, 3, 4, 5, 6, 7, 8, 9=표시된 숫자 그대로 계산

③ 10, J, Q, K=0으로 계산

④ 십진법을 사용하여 합이 10을 초과하면 0으로 계산한다.

(예시) A + 5 = 6

5 + 5 = 0

3 + 9 = 2

10 + 5 = 5

K + 7 = 7

2. 바카라 베팅 존(Baccarat Betting Zone)

바카라(Baccarat)는 갬블러(Gambler)들이 베팅할 수 있는 베팅 존(Betting Zone)이 3군데 있는데, 플레이어(PLAYER) 쪽과 뱅커(BANKER) 쪽, 그리고 타이 벳(Tie Bet)에 걸 수 있다.

하지만 국내 카지노에도 몇 년 전부터 바카라에도 페어게임(Pair Game)이 도입되어 페어게임을 즐길 수 있도록 바카라 레이아웃(Baccarat Layout)이 제작되어 현재는 각 카지노별로 페어(Pair) 베팅을 할 수 있도록 레이아웃(Layout)이 제작되어 있는 카지노가 많다.

하지만 페어게임은 바카라게임과는 별도의 옵션게임(Option Game)으로 보아야 하며, 국제적인 바카라게임 룰(Baccarat Game Rule)에 포함되는 것은 아니다. 바카라의 페어게임 배당금은 블랙잭과 마찬가지로 11배(11 to 1)이다.

타이 벳(Tie Bet)도 플레이어(PLAYER) 사이드(Side)와 뱅커(Banker) 사이드

(Side) 중 한 곳이라도 베팅이 되어야만 걸 수 있고, 타이 벳에만 베팅을 하여서는 게임 진행을 할 수 없다.

3. 카드 분배(Card Drawing) 요령

① 슈(Shoe)의 중간 홈에 오른손 중지와 약지를 카드에 대고 밀면서 뽑아낸다.

② 슈(Shoe)에서 플레이어(PLAYER) 사이드(Side)에 페이스 다운(Face Down)된 채로 한 장을 가져다 놓는다.

③ 같은 동작으로 뱅커(BANKER) 사이드(Side)에 페이스 다운(Face Down)된 형태로 두 번째 카드를 가져다 놓는다.

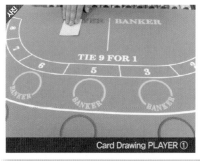

Card Drawing PLAYER ①

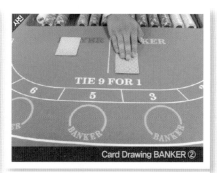

Card Drawing BANKER ②

Card Drawing PLAYER ③

Card Drawing BANKER ④

④ 세 번째 카드를 플레이어(PLAYER) 사이드(Side)에 페이스 다운(Face Down)된 채로 첫 번째 카드 위로 겹치게 올려놓는다.

⑤ 네 번째 카드를 뱅커(BANKER) 사이드(Side)에 페이스 다운(Face Down)된 형태로 두 번째 카드 위로 겹치게 올려놓는다.

⑥ 카드의 분배 순서는 1, 3번째 카드는 플레이어(PLAYER) 사이드(Side)에, 2, 4번째 카드는 뱅커(BANKER) 사이드(Side)에 놓여야 한다.

⑦ 카드는 각 사이드(PLAYER/BANKER)당 3장까지 받을 수 있으며, 도합 6장을 초과할 수 없다.

⑧ 추가카드(3rd Card)는 반드시 바카라게임 룰(Baccarat Game Rule)에 의거하여 추가카드를 받을 수 있다.

4. 카드 오픈(Card Open) 요령

각 사이드(PLAYER/BANKER)에 분배된 카드를 딜러가 페이스 업(Face Up)시켜 추가카드 여부와 게임의 승/패를 결정짓는 동작이다.

① 엄지는 카드의 윗면을 잡고 검지, 중지, 약지는 카드의 밑면을 잡고 카드를 오른쪽에서 왼쪽으로 뒤집는다.

② 뒤집어진 카드의 정중앙에 검지, 중지, 약지, 소지의 네 손가락으로 윗면의 카드를 좌측에서 우측 방향으로 평행하게 민다(PLAYER Side).

③ 같은 방법으로 카드를 뒤집는다

Card Open─PLAYER

(BANKER Side).

④ 세 번째 추가카드는 바카라게임 룰에 의하여 결정하며, 추가카드는 카드를 옆으로 눕혀 뽑는다.

⑤ 세 번째 추가카드는 블랙잭 딜링(Dealing) 손 모양과 같이 왼손으로 카드를 뽑고 오른손으로 카드를 잡아 오픈된 카드의 하단 밑면에 일직선으로 가져다 놓는다.

Card Open-BANKER

Card Open-3rd Card

5. 게임 콜링(Game Calling)

카지노의 모든 게임을 진행하는 딜러는 콜링(Calling)을 하여 플레이어에게 정확한 숫자 확인과 게임 진행을 알리는 음성 서비스를 하여야 하는데, 특히 바카라게임은 이러한 콜링을 아주 정확하게 하여야 한다.

베팅 액션이 크고 게임 진행이 빠르므로 딜러나 플레이어들은 항상 콜링과 함께 게임 진행 상황을 다시 한 번 확인하는 절차를 가진다고 봐야 한다.

게임 콜링(Game Calling)은 기본적으로 영어로 하는 것이 정석이고 기본이나 국내 카지노의 경우 일본 고객과 중국계열 고객들이 다수를 차지하는 관계로 일어나 중국어를 이용하여 숫자나 용어로 간단하게 게임 진행을 하는 카지노업체도 있다. 다음은 위의 그림을 바탕으로 한 기본적인 바카라게임 진행 콜링(Calling)이다.

① Card For PLAYER

② Card For BANKER

③ Card For PLAYER'S

④ Card For BANKER'S

⑤ PLAYER 5(Five)

⑥ BANKER Also 5(Five)

⑦ One More Card For PLAYER

⑧ Draw 8(Eight), Makes 3(Three)

⑨ PLAYER'S Win

[일반적인 바카라 콜링(Calling)]

* Place Your Bet, Please! (Bet Down, Please!)
* Any More Bet? No More Bet Please!
* Card For PLAYER,   Card For BANKER
* Card For PLAYER'S, Card For BANKER'S
* PLAYER (   ),   BANKER (   )
* One More, Card For PLAYER, [Card For BANKER]
* Draw (   ), Makes (   )
                Still (   )
                Also (   )
* PLAYER'S Win,   BANKER'S Win
* TIE Hand(Game)

6. 칩 수거 및 지불(Losing Chips Take & Winning Chips Pay)

카지노의 모든 게임은 베팅한 칩을 선(先) 수거(Take), 후(後) 지불(Pay)의 방식을 준수한다. 따라서 매 핸드(Hand)마다 게임이 끝난 후에는 패한 칩을 먼저 가져오고, 이긴 칩을 지불한다.

이긴 쪽은 1배의 지불을 받으며, 타이 벳(Tie Bet)에 당첨되면 8배(9 For 1)를 지불한다. 페어 벳(Pair Bet)에 당첨되면 11배를 지불받는다.

① 딜러가 패한 칩을 가져올 때는 오른쪽에서 왼쪽으로 가져온다.

② 타이 벳이 베팅되어 당첨되지 않았으면, 타이 벳부터 가져오도록 한다.

Chips Take ①

③ 칩은 최대한 소리나지 않게 겹쳐서 가져오며, 칩 용기(Chips Rack)의 맨 오른쪽 등의 비어 있는 공간에 쌓아두도록 한다.

Chips Take ②

Chips Take ③

7. 카드 거두기(Discarding)

게임의 승/패가 결정나고, 칩 수거 및 지불이 끝나면, 다음 게임을 위하여 카드를 정리하는 동작이다.

카드 정리는 바카라게임 테이블별로 조금씩 방법이 다르지만 첫째로 손으로 정리하는 방법과 둘째로 메인 바카라(Main Baccarat)와 같이 대형 테이블에서는 스쿠프(Scoop)로 정리하는 방법의 두 가지가 대표적이라 할 수 있다.

스쿠프(Scoop)의 사용은 카지노업체별로 조금씩 다르지만 해가 갈수록 사용이 줄어드는 추세이다. 이는 딜러의 스쿠프(Scoop) 사용 미숙으로 인한 딜링 미스테이크(Dealing Mistake) 발생이 주된 원인이라 할 수 있다.

Discarding ①

Discarding ②

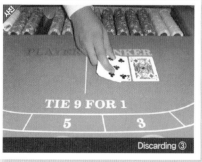

Discarding ③

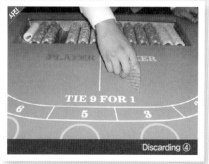

Discarding ④

Discarding ⑤

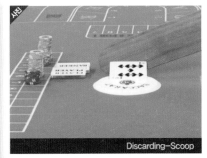
Discarding-Scoop

8. 뱅커 커미션(BANKER Commission)

바카라게임에서 뱅커(BANKER) 쪽이 이겼을 경우 5%의 게임 커미션(Com-mission)을 하우스(카지노)에서 가져간다. 일간의 설에는 뱅커(BANKER) 쪽이 플레이어(PLAYER) 쪽보다 다소 유리하다는 논리도 있으나 이것은 정확히 통계화된 사실이 없다. 커미션 계산방법은 뱅크에 베팅하여 지불된 금액의 5%를 딜러가 계산하여 테이크하고, 나머지 부분은 지불한다.

[100만원] - [5% 커미션] = ₩50,000

[10만원] - [5% 커미션] = ₩5,000

(예시 ①) [5만 원 - [5% 커미션] = ₩2,500 이므로 ₩47,500 지불

(예시 ②) [24만 원 - [5% 커미션] = ₩12,000 이므로 ₩128,000 지불

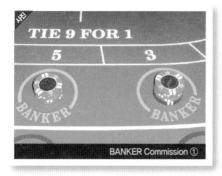

9. 노 커미션 게임 테이블(No Commission Game Table)

바카라(Baccarat)게임에는 앞서 설명에도 있듯이 뱅크가 이겼을 때, 5%의 커미션을 하우스 측에서 가져가는데, 근래의 몇몇 카지노에서는 바카라에 '노 커미션 테이블(No Commission Table)'을 도입하여 운영하고 있다.

이 운영방식은 바카라게임에서 뱅크가 이겼을 때마다 5%의 커미션을 공제하지 않는 대신 뱅크 쪽에 최종 카드의 합이 6으로 게임이 종료되었을 때, 뱅크에 베팅한 플레이어의 베팅금액을 절반만 지불하는 방식이다.

즉, 평소의 게임 진행은 뱅크가 이기더라도 5%의 커미션을 공제하지 않고 뱅크가 6의 합으로 이겼을 때, 베팅금액의 절반을 지불한다는 것이다.

이러한 운영방식은 커미션을 공제하는 시간적인 절약과 커미션을 공제하는 번거로움을 다소 해소한다는 차원에서 플레이어들의 호응이 좋은 부분도 있다.

여러 실험과 계산을 해본 결과 뱅크가 이겼을 때 매번 5%의 커미션을 공제하는 것이나 뱅크가 6으로 이겼을 때 절반만 페이(Pay)하는 것이나 카지노 수익면에서는 큰 차이가 없음이 확인되었다.

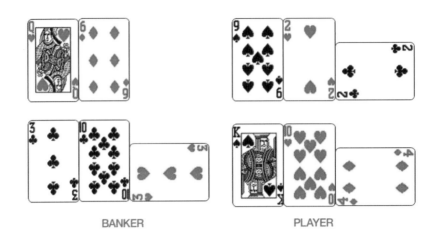

BANKER   PLAYER

10. 바카라게임 룰(Baccarat Game Rule)

바카라(Baccarat)게임에는 플레이어(PLAYER) 쪽과 뱅커(BANKER) 쪽에 적용되는 룰(Rule)이 있는데, 이 룰에 따라서 세 번째 추가카드 1장을 더 받을 수 있는 경우와 더 받을 수 없는 경우로 정해져 있다.

① 바카라게임의 가장 높은 수는 9(Nine)이며, 플레이어(PLAYER)나 뱅커(BANKER) 어느 한쪽이라도 최초 2장의 카드 합(Initial Two Card)이 8 또는 9가 되면 내추럴(Natural)이라 하여 게임은 여기서 종료된다.

BANKER   PLAYER

218

② 최초 2장의 카드 합이 플레이어(PLAYER) 쪽이 6이나 7이면 플레이어는 추가카드를 받을 수 없으나 뱅커(BANKER) 쪽은 6이나 7 이하이면 추가 카드 1장을 의무적으로 받아야 한다.

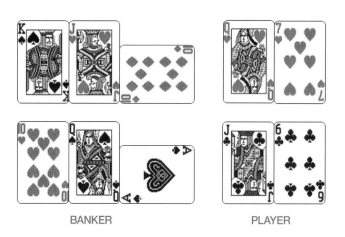

BANKER   PLAYER

③ 반면에 뱅커(BANKER) 쪽이 7이고 플레이어(PLAYER) 쪽이 6 이하이면 플레이어 쪽은 무조건 1장을 더 받아야 하며, 특이한 경우로 뱅커(BANKER) 쪽이 6이고 플레이어(PLAYER) 쪽이 6 이하이면 의무적으로 추가카드 1장을 더 받는데 이때, 세 번째 카드의 수가 6 또는 7이면 뱅커(BANKER) 쪽도 무조건 추가카드 1장을 더 받아야 하는 바카라게임 규칙이 있다.

BANKER

PLAYER

219

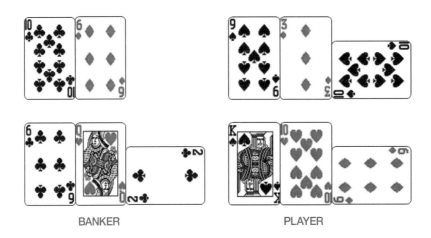

BANKER   PLAYER

④ 플레이어(PLAYER)나 뱅커(BANKER) 양쪽 다 6이나 7의 카드 합이 되면 이기거나, 지거나, 비기게 된다. 즉, 플레이어(PLAYER)나 뱅커(BANKER) 가 7과 6이면 플레이어(PLAYER) 승(Win), 6과 6이면 비기게 된다(Tie Game).

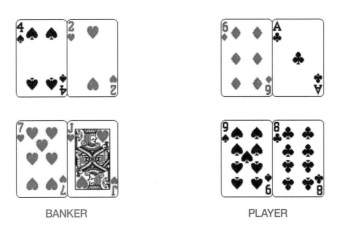

BANKER   PLAYER

⑤ 5 이하의 카드 합계 숫자부터는 뱅커(BANKER) 쪽의 카드 합계 수로 적 용이 된다. 뱅커(BANKER) 쪽이 5이고, 플레이어(PLAYER) 쪽이 5 이하일

때는, 플레이어(PLAYER) 쪽 추가카드가 1, 2, 3, 8, 9, 0(10, J. Q. K)이 나
오면 뱅커(BANKER) 쪽은 더 이상 추가카드를 받을 수 없다. 반면에 플레
이어(PLAYER) 쪽에 4, 5, 6, 7이 나오면 뱅커(BANKER) 쪽도 추가카드 1
장을 무조건 받아야 한다.

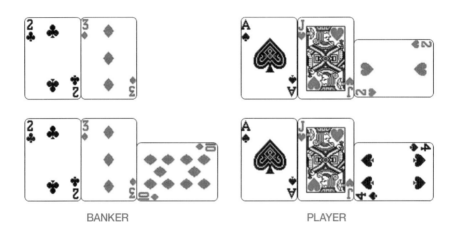

BANKER   PLAYER

⑥ 뱅커(BANKER) 쪽 카드의 합이 4일 경우 플레이어(PLAYER) 쪽이 5 이하
이고, 플레이어(PLAYER) 추가카드가 1, 8, 9, 0(10, J, Q, K)이 나오면 뱅커
(BANKER) 쪽은 추가카드를 받을 수 없다. 반면에 플레이어(PLAYER) 쪽
카드가 2, 3, 4, 5, 6, 7이 나오면 뱅커(BANKER) 쪽도 추가카드 1장을 받
아야만 한다.

BANKER　　　　　　　　　　　　　PLAYER

⑦ 뱅커(BANKER) 쪽 카드의 합이 3일 경우이고, 플레이어(PLAYER) 쪽이 5
   이하일 때, 플레이어(PLAYER) 추가카드가 8이 나오면 뱅커(BANKER) 쪽
   은 추가카드를 받을 수 없다. 반면에 플레이어(PLAYER) 쪽 카드가 8을 제
   외한 수인 1, 2, 3, 4, 5, 6, 7, 9, 0(10, J, Q, K)이 나오면 뱅커(BANKER) 쪽
   도 추가카드 1장을 받지 않으면 안된다.

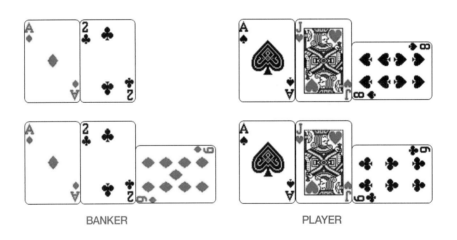

BANKER　　　　　　　　　　　　　PLAYER

⑧ 뱅커(BANKER) 쪽 카드의 합이 3 이하이고, 플레이어(PLAYER) 쪽이 5 이
   하이면, 플레이어(PLAYER) 쪽과 뱅커(BANKER) 쪽 두 곳 모두 의무적으
   로 추가카드를 1장씩 받아야 한다. 양쪽의 3장씩의 카드의 총 합으로 승/
   패를 가린다.

BANKER   PLAYER

⑨ 아래와 같이 바카라게임 룰에 적용하여 추가카드의 합까지 합산하여 카
  드의 합이 동일하면 타이 게임(Tie Game)이 되어 비기게 된다.

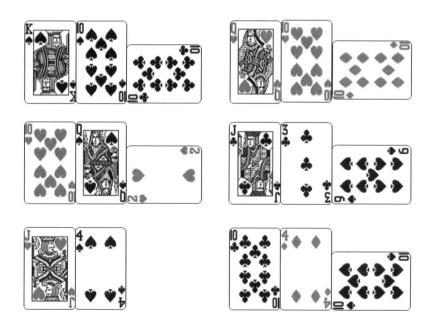

BANKER

PLAYER

[표 6-1] Baccarat Game Rule 1

■ 플레이어 룰(PLAYER'S Rule)

PLAYER'S Side 최초 2장의 카드 합	Baccarat Game Rule
0, 1, 2, 3, 4, 5	추가카드 1장 더 받음
6, 7	Stand PLAYER 쪽은 추가카드를 받지 않음
8, 9	Natural 추가카드 받을 수 없으며 승/패 결정

■ 뱅커 룰(BANKER'S Rule)

BANKER'S Side 최초 2장의 카드 합	PLAYER 쪽 세 번째 카드가 다음일 경우 추가카드를 받음	PLAYER 쪽 세 번째 카드가 다음일 경우 추가카드를 안 받음
3	0, 1, 2, 3, 4, 5, 6, 7, 9	8
4	2, 3, 4, 5, 6, 7	0, 1, 8, 9
5	4, 5, 6, 7	0, 1, 2, 3, 8, 9
6	6, 7	0, 1, 2, 3, 4, 5, 8, 9
7	Stand BANKER 쪽은 추가카드를 받지 않음	
8, 9	Natural 추가카드 받을 수 없으며 승/패 결정	

224

[표 6-2] **Baccarat Game Rule 2**

PLAYER		BANKER		
HAVING		HAVING	DRAW	STAND
0	DRAWS A CARD	0	DRAW A CARD	
1		1		
2		2		
3		3	0, 1, 2, 3, 4, 5, 6, 7, 9	8
4		4	2, 3, 4, 5, 6, 7	0, 1, 8, 9
5		5	4, 5, 6, 7	0, 1, 2, 3, 8, 9
6	STANDS	6	6, 7	0, 1, 2, 3, 4, 5, 8, 9
7		7	STAND	
8	NATURAL CANNOT DRAW	8	NATURAL CANNOT DAW	
9		9		

11. 최초 2장 카드(Initial 2 Card)의 조합 확률

바카라게임의 최초 카드 2장의 조합될 수의 확률이다.

Initial Two Card	확률			
	초기 확률	Win	Tie	Loss
9	9.65%	90.35%	9.35%	0%
8	9.35%	81.00%	9.35%	9.65%
7	9.65%	57.03%	14.43%	28.54%
6	9.35%	43.05%	14.01%	42.92%
5	9.65%	40.46%	8.50%	51.01%
4	9.35%	35.18%	8.60%	56.18%
3	9.65%	32.49%	8.05%	59.44%
2	9.35%	30.99%	7.82%	61.16%
1	9.65%	29.38%	7.85%	62.76%
0	14.33%	27.50%	8.09%	64.37%
Total	100%	45.82%	9.59%	44.59%

제5절 바카라게임 보호(Gaming Protection)

모든 카지노 고객이 충분한 서비스를 받을 수 있고, 또 보호를 받아야 하며 모든 게임이 규칙과 수칙(Regulation)에 의해 정직하고도 합법적으로 이루어져서, 고객이 충분히 즐길 수 있어야 한다.

① 딜러는 항상 테이블 정면에 위치하여야 한다.

② 게임 대기 테이블(Dead Game)일지라도 테이블을 등지고 돌아서는 행동을 해서는 안된다.

③ 플레이어의 베팅과 칩스의 흐름을 주의 깊게 관찰한다.

④ 플레잉카드(Playing Card)와 슈(Shoe)를 예의주시하여 고객의 수상한 행동을 사전에 예방한다.

⑤ 항상 슈(Shoe)에서 손을 떼지 말고 카드의 일부라도 최대한 보이지 않도록 하여야 한다.

⑥ 첫 번째 베이스(Base)와 맨 끝 베이스(Base) 고객의 속임수(Past Posting 및 Pinching)에 대비하여 주의 깊게 살피고, 딜러는 시야를 180도 유지하여야 한다.

⑦ 셔플(Shuffle) 중에 카드를 만지거나 불규칙적으로 칩스에 손을 대는 고객을 주의 깊게 살핀다.

⑧ 게임 기구들의 이상 유무를 철저히 점검한다.

⑨ 피트(Pit)에서 다른 딜러와 불필요한 대화는 하지 않는다.

⑩ 새 카드 팩(New Card Pack)을 오픈할 때는 이상 유무를 꼭 확인한다.

⑪ 게임을 보호하거나 방어하기 위해서는 게임 테이블의 분위기 및 고객의 움직임에 대하여 예의 주시하여야 한다.

⑫ 사용하고 있는 카드의 상태에 결함이 있거나, 만약 테이블에 방어가 필요

하면 즉시 피트(Pit) 간부에게 보고한다.

⑬ 게임 테이블에 게임을 하지 않는 플레이어가 자리를 차지하는 것을 허용
해서는 안된다.

⑭ 피트(Pit) 안에서는 어떠한 음식물도 먹어서는 안된다.

CARIBBEAN STUD
POKER GAME

#07 CARIBBEAN STUD POKER GAME

제1절 캐리비언 스터드 포커(Caribbean Stud Poker)의 개요

1. 캐리비언 스터드 포커(Caribbean Stud Poker Game)의 정의

캐리비언 스터드 포커게임(Caribbean Stud Poker Game)은 딜러와 플레이어(Player)가 카드 1덱(Deck) 중, 조커(Joker)가 없는 52장의 카드를 가지고 진행하는 게임으로 플레이어와 딜러가 각각 분배된 5장의 카드 서열(Card's Rank)로 승/패를 가름하는 게임이다.

추가로 받는 카드는 없으며 처음 분배되는 5장의 카드로 카드 서열(Rank)에 따라 배당 지불(Pay)이 되는 게임이다.

2. 카드의 가치(Value of Card)

① 카드의 가치는 문양(Suit)과는 관계없이 카드 숫자에 따라 결정된다.
② 카드 순위는 A, K, Q, J, 10, 9, 8, 7, 6, 5, 4, 3, 2의 순위이다. 즉, A가 가장 큰 숫자이고 반면에 2가 가장 낮은 숫자로 보면 된다. Ace, K, Q, J, 10을 포함한 스트레이트(High Straight–일명 Mountain)가 5, 4, 3, 2 그리고 Ace를 포함한 스트레이트(Straight)보다 상위 핸드이다.
③ 만약 투 페어(2 Pair)를 동시에 가지고 있을 경우, 가장 높은 카드의 가치를 가지고 있는 패가 우위에 있으며, 이것 역시 동일하다면 다음 페어의 가치를 비교, 우위를 결정한다. 행여 이것 역시 동일하다면 나머지 1장의 카드 가치를 비교하며, 그러나 이것마저 동일하다면 이는 푸시(Push) 처리한다.

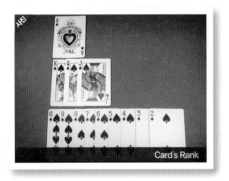

Card's Rank

3. 포커의 순위(Rank of Poker)

포커(Poker)에는 순위(Rank)가 있는데 그 서열은 다음과 같다.
① **로열 스트레이트 플러시(Royal Straight Flush)** : 5장의 카드가 같은 문양과

함께 A부터 순서적으로 나열되어 있는 것. 포커게임의 가장 높은 서열 (Rank)이다.

A♣ K♣ Q♣ J♣ 10♣

② **스트레이트 플러시(Straight Flush)** : 5장의 카드가 같은 문양과 함께 A보다 낮은 순서로 나열되어 있는 것

9♠ 8♠ 7♠ 6♠ 5♠

③ **4카드(Four of a Kind)** : 4장의 카드가 같은 숫자로 나열되어 있는 것

6♥ 6♠ 6♦ 6♣

④ **풀 하우스(Full House)** : 3장의 카드의 숫자가 같고, 2장의 카드 숫자가 동일한 것

5♣ 5♦ 5♠ 7♠ 7♣

⑤ **플러시(Flush)** : 5장의 카드가 숫자와는 관계없이 같은 문양으로 되어 있는 것

K♥ 10♥ 7♥ 5♥ 3♥

⑥ **스트레이트 (Straight)** : 5장의 카드가 순서적으로 나열되어 있는 것

J♥ 10♦ 9♠ 8♣ 7♦

⑦ **트리플(Triple-Three of a Kind)** : 3장의 카드가 같은 숫자인 것

5♠ 5♥ 5♣ K♥ 6♣

233

⑧ **투 페어(Two Pair)** : 2장의 카드가 같은 숫자로 2패인 것

8♣ 8♥ 4♣ 4♠ 7◆

⑨ **원 페어(One Pair)** : 2장의 카드가 같은 숫자로 1패인 것

A◆ A♣ 10◆ 6♣ 5♠

⑩ **A, K(Ace & King)** : 캐리비언 스터드 포커에서는 딜러가 반드시 A(Ace)와 K(King)을 포함하고 있어야만 플레이어와의 서열과 승(Win)/패(Lose)를 가릴 수 있다. 만약에 딜러가 Ace와 King이 없는 상태에서는 승/패를 가리지 않고 플레이어가 최초에 베팅한 안티(Ante) 벳(Bet)에만 1배 지불한다.

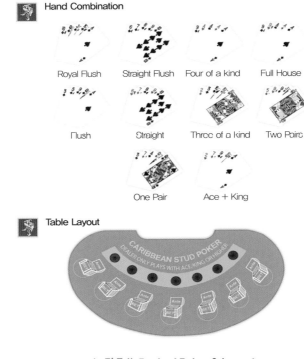

〈그림 7-1〉 Rank of Poker & Layout

제2절 **캐리비언 스터드 포커(Caribbean Stud Poker) 게임 진행**

1. 게임 운영

캐리비언 스터드 포커게임의 참여는 안티(Ante)에 일정 금액을 베팅하고, 게임을 계속하고자 할 때에는 반드시 더블 벳(Double Bet)에 안티(Ante)금액의 2배를 추가로 걸어야만 게임을 계속할 수 있다.

또한, 딜러가 반드시 Ace와 King을 조합한 카드를 보유하여야만 플레이어는 게임 배당을 받을 수 있으며, Ace와 King이 없는 경우는 안티(Ante) 벳만 지불한다.

① 플레이어(Player)는 안티(Ante) 베팅 장소에 원하는 금액을 베팅한다.

② 딜러(Dealer)는 플레이어에게 각각 5장의 카드를 나누어 주고, 딜러도 5장의 카드를 받는다. 그 중 한 장을 페이스 업(Face Up)시켜 플레이어가 볼수 있도록 한다.

③ 플레이어는 자신에게 배분된 5장의 카드를 확인한 후, 게임을 계속할 것인지, 아니면 포기할 것인지를 결정하여야 한다.

④ 플레이어가 게임을 계속하기를 원한다면 안티 벳(Ante Bet)의 뒤에 있는 벳(BET)에 처음 걸었던 안티(Ante) 금액의 2배를 추가로 걸면서 게임 진행(Double)의사를 표시하여야 하며, 게임을 그만할 것이라면 폴더(Fold)할 것임을 딜러에게 알려야 한다.

⑤ 플레이어들이 베팅(Double)을 끝내고 나면, 딜러는 자신의 카드를 오픈(Open)한다. 이때, 딜러의 카드 패는 반드시 A(Ace)와 K(King)이 포함된 카드 내지는 1페어(1 Pair) 이상의 카드가 되지 않을 경우는 'No Hand'를 선언하고 플레이어에게 안티(Ante) 베팅 금액만 지급(Pay)한다.

⑥ 딜러의 카드 패가 Ace와 King이 포함된 카드 내지는 1페어(1 Pair) 이상의 카드일 경우에만 플레이어와 딜러의 패를 비교하여 높은 서열(Poker Rank)의 패를 지닌 쪽이 승리하게 된다.

⑦ 플레이어가 이겼을 경우 안티(Ante) 벳에는 1배를 지불하고, 더블 벳(Double Bet)은 정해진 배당률에 따라서 지급된다.

⑧ 딜러가 이겼을 경우에는 플레이어의 안티(Ante) 벳과 더블(Double) 벳에 베팅한 금액은 모두 잃게 된다.

2. 셔플머신(one 2 six Shuffle Machine) 사용방법

캐리비언 스터드 포커에서 카드 셔플방법은 핸드 셔플(Hand Shuffle)과 기계 셔플(Machine Shuffle) 2종류를 사용한다. 대다수의 카지노에서는 셔플 기계

one 2 six Shuffle machine ①

one 2 six Shuffle machine ②

(Shuffle Machine)를 사용하는데 핸드 셔플은 기계 고장 등으로 셔플 기계 작동이 원만하지 않을 때 사용한다.

① **전원버튼(On-Off Button) :** 셔플머신 동작을 위한 전원 버튼이다.

② **그린 버튼(Green Button) :** 셔플을 시작하고자 할 때 누르면 된다.

③ **레드 램프(Red Lamp) :** 셔플머신 사용 시, 점검을 요하는 문제가 발생되면 빨간 불빛이 들어온다.

3. 셔플머신 작동 및 카드 배분

① 전원 버튼을 누른다.

② 카드는 청색이나 홍색 카드 1덱(Deck)씩만 사용한다.

③ 카드 1덱을 뒤쪽 카드 투입구에 넣는다.

④ 그린(Green) 버튼을 누르면 셔플이 시작되며 머신 안쪽으로 들어간다.

⑤ 셔플이 끝나면 디스카드 홀더에 놓아둔 다른 색 카드 1덱을 꺼내서 셔플머신 위에 올려놓는다.

⑥ 셔플머신 위에 카드를 올려놓으면 먼저 셔플된 카드 5장씩 분리되어 나온다.

⑦ 셔플머신에서 나온 5장의 카드를 플레이어에게 분배한다. 이때 카드 5장을 꺼내면 다음 5장이 자동적으로 셔플머신에서 나온다.

⑧ 플레이어에게 카드를 나누어주기 전에 카드를 대각선으로 스프레드(Spread)하여 5장이 맞는지를 확인한다.

⑨ 또한, 딜러의 카드 패가 Ace와 King이 없는 핸드에서 안티(Ante) 벳 페이(Pay) 후에 카드를 수거하여 올 때에도 카드 매수를 반드시 확인해야 한다.

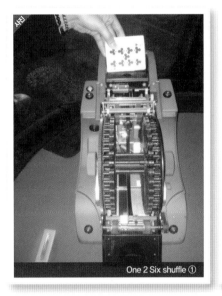

One 2 Six shuffle ①

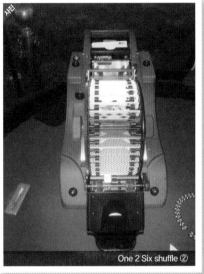

One 2 Six shuffle ②

Caribbean Stud Poker ①

Caribbean Stud Poker ②

4. 게임 진행(Game Process)

① 카드가 셔플(Shuffle)되는 동안 딜러는 플레이어(Player)에게 베팅을 유도
한다. 게임 참여를 원하는 플레이어(Player)는 반드시 베팅을 하여야 하며,
베팅은 다음 3가지 종류에 걸 수 있다.

[안티 베팅(Ante Betting) ①]

a. 플레이어는 게임에 참여하기 위해서 우선적으로 안티 베팅을 하여야 한다.
b. 카드가 딜링(Dealing)된 후에는 안티 베팅의 칩을 가감 또는 회수할 수 없다.
c. 안티 베팅은 각 카지노의 게임 테이블에 표시된 최저액(Minimum)과 최고액(Maximum)에 준한다.

[프로그레시브(Progressive) 베팅 ②]

a. 캐리비언 스터드 포커에는 누적식 배당금이 존재하는데 이에 해당하는 베팅을 프로그레시브 베팅이라고 한다.
b. 프로그레시브 잭팟 베팅을 원하는 플레이어들은 칩을 프로그레시브 잭팟 구멍에 넣어야 한다.
c. 칩을 넣으면 센서에 빨간 불이 켜진다.
d. 프로그레시브 베팅금액은 \1,000이다.
e. 프로그레시브 베팅만으로 게임 참여를 할 수 없다(반드시 안티 베팅을 하여야 함).

[벳(BET-Double Bet) 베팅 ③]

a. 더블 베팅이라고도 하며, 고객이 선택할 수 있는 베팅이다.
b. 벳(Bet) 베팅은 정확하게 안티 벳의 2배를 추가로 베팅하여야 한다.
c. 더블 벳 베팅 이후, 칩 밑에 카드를 내려놓는다.

Ante Betting ①

Progressive Betting ②

BET Betting-
Double Betting ③

② 모든 벳이 베팅 완료되었는지 확인한 후, 프로그레시브 베팅 칩들을 수거
한다.

③ 디스카드 홀더(Discard Holder)에 있는 카드를 꺼내어 셔플머신에 넣는다. 그러면 셔플머신에 이미 셔플된 카드가 5매씩 자동으로 분리되어 나온다.

④ 딜러는 셔플머신에서 자동으로 나오는 카드 5장을 페이스 다운(Face Down)으로 각각 스프레드(Spread)하여 확인 후, 플레이어에게 배분한다.

⑤ 카드 배분은 딜러의 왼쪽에서 오른쪽의 순서로 베팅된 곳에 카드를 페이스 다운된 상태로 분배한다.

⑥ 플레이어에게 카드 분배 후, 마지막으로 딜러는 카드 5장을 본인의 앞에 놓는다. 이때, 5장 중, 맨 밑의 카드 1장을 페이스 오픈(Face Open)하여 가지런히 놓는다.

⑦ 플레이어들은 각자의 앞에 놓인 카드를 보고 두 가지 옵션 중, '게임포기 (Fold)'와 '게임지속(Double)'을 선택할 수 있다.

[게임포기(Fold) 시의 칩 및 카드 수거 방법]

a. 오른쪽에서 왼쪽 순으로 게임 포기 핸드를 수거한다.
b. 칩을 칩 트레이(Chips Tray) 앞에 갖다 놓고, 카드는 페이스 다운(Face Down)상태로 스프레드 (Spread)하여 5장의 카드를 확인 후 디스카드 홀더에 놓는다.

[게임지속(Double)을 선택하였을 경우]

a. 플레이어는 정확하게 안티 벳(Ante Bet)의 2배를 추가로 베팅하여야 한다.
b. 추가 베팅된 칩은 안티 벳(Ante Bet) 박스(Box) 뒤에 있는 벳(Bet) 베팅 박스에 놓는다.
c. 카드는 추가 베팅된 칩 밑에 놓이게 정리한다.

⑧ 플레이어들의 옵션 결정 후, 딜러는 페이스 다운(Face Down)상태의 나머지 4장의 카드를 모두 오픈(Open)한다.

[딜러가 Ace와 King, 혹은 그 이상의 패를 가지고 있지 않은 경우]

    a. "노 핸드(No Hand)"라고 콜하며, 딜러는 플레이어의 안티(Ante) 벳만 1배 지불한다.
    b. 카드를 수거할 때에는 페이스 다운(Face Down)상태 그대로 스프레드(Spread)하여 5장이 맞는지의
      여부만 확인한 후, 디스카드 홀더(Discard Holder)에 놓는다.
    c. 페이(Pay) 순서는 딜러의 오른쪽에서 왼쪽 순으로 한다.

[딜러가 A(Ace)와 K(King), 혹은 그 이상의 패를 가지고 있을 경우]

    a. 카드를 오픈하여 높은 패가 왼쪽으로 오도록 정렬한다.
    b. 각 플레이어의 패와 딜러의 패를 비교하여 승/패를 가린다.
    c. 카드 비교는 딜러의 오른쪽에서 왼쪽 순으로 한다.

[플레이어 카드 정렬방법]

    a. 플레이어 카드 오픈 시에는 딜러의 왼쪽 순으로 카드의 높은 패 또는 가치가 높은 것이 오도록
      배열한다.
    b. 카드 위치는 안티 벳 앞에 오도록 한다.

⑨ 각 플레이어와 딜러의 패를 비교 후, 딜러 패가 높으면 안티 베팅 및 벳 (Bet)에 베팅된 칩을 먼저 수거하고 카드를 디스카드 홀더에 갖다 놓는다.

⑩ 플레이어의 패가 딜러의 패보다 더 높으면 안티 벳은 1배를 지불하고, 벳 (Bet) 베팅은 플레이어의 패에 따라서 지불한다.

⑪ 페이와 카드 수거가 끝나면 딜러는 셔플머신 안에 있는 카드로 다음 게임 을 준비한다. 이때 머신 안의 카드는 셔플이 완료되어 있는 상태이다.

⑫ 사용한 카드는 다시 셔플머신 안에 집어넣는다. 이때 반드시 페이스 다운 (Face Down) 상태로 셔플머신기에 넣는다.

[표 7-1] Caribbean Stud Poker Payout

카드 순위에 따른 배당금 지급 비율

Rank of Poker	Payout
Royal Straight Flush	100배(100 to 1)
Straight Flush	50배(50 to 1)
Four of a Kind(Four Card)	20배(20 to 1
Full House	7배(7 to 1)
Flush	5배(5 to 1)
Straight	4배(4 to 1)
Three of a Kind(Triple)	3배(3 to 1)
Two Pair	2배(2 to 1)
One Pair	1배(1 to 1)
Ace + King	1배(1 to 1)

제3절 프로그레시브 잭팟(Progressive Jackpot)

캐리비언 스터드 포커(Caribbean Stud Poker)에는 프로그레시브 잭팟(Pro-gressive Jackpot)이란 베팅장소가 따로 있어 게임 시작과 동시에 이곳에 베팅을 하여 딜러의 카드 패와는 상관없이 플레이어 카드의 조합이 플러시(Flush) 이상의 패를 가졌을 때 정해진 배당률에 의해 잭팟 금액을 지급받는다.

프로그레시브 잭팟(Progressive Jackpot)에는 매 핸드(Hand) ₩1,000씩 베팅하게 되어 있는데 플레이어들의 프로그레시브 잭팟(Progressive Jackpot) 베팅금액을 모아서 다른 플레이어들이 프로그레시브 잭팟에 해당하는 카드 패로 배당금에 당첨되었을 때 지급하여 주는 형태이다. 지급 배당금은 각 카지노마다 조금씩 다르다.

1. 게임 운영방법

① 프로그레시브 잭팟(Progressive Jackpot)은 본 게임인 캐리비언 스터드 포커의 배당금과는 다른 별도의 배당금이다.

② 플레이어가 반드시 프로그레시브 잭팟에 베팅을 하고 배당금에 해당하는 패를 가졌을 때 배당금을 지급받을 수 있으며, 딜러 패와의 우열과 Ace와 King 이상의 패 보유와는 상관없이 지급한다.

③ 프로그레시브 잭팟 배당금 지급은 본 게임의 페이(Pay)가 모두 완료된 후에 지급한다.

④ 딜러는 본 게임의 모든 페이(Pay) 및 카드 수거(Take)가 끝난 후 프로그레시브 잭팟에 해당되는 패가 있으면 플로어 퍼슨(Floor Person)에게 알린다.

⑤ 잭팟(Jackpot) 금액에 해당하는 전산 컨트롤러 버튼을 누른다.

2. 프로그레시브 잭팟 베팅 칩 수거방법

① 테이블은 몇 종류가 있는데 첫 번째로, 테이블 안에 설치된 버튼(Button)을 누르면 베팅된 칩들이 자동으로 테이블 아래로 떨어져 한곳으로 모이는 것이 있으며, 두 번째로, 센스가 있어 프로그레시브 잭팟 베팅구역에 칩을 놓으면 감지하여 빨간색 불이 들어오는 것이 있다(각 카지노마다 테이블 구조가 다름).

② 딜러는 수거된 칩들을 꺼내어 테이블 위 레이아웃에 스프레드(Spread)한다.

③ 칩스의 개수와 프로그레시브 잭팟에 베팅 유무를 확인해 주는 센서의 수가 동일한지 확인한다.[또 다른 테이블은 프로그레시브 잭팟을 베팅하기 전에는 깜박이다가 베팅을 하고 나면 깜빡임을 멈추고 빨간색의 불이 센서(Sensor)에 들어오는 테이블도 있다.]

3. 프로그레시브 잭팟 컨트롤러(Controller) 운영방법

① **COIN IN :** 프로그레시브에 베팅한 칩들을 수거하는 버튼

② **GAME OVER :** 게임이 끝나면 프로그레시브를 초기화하는 버튼

③ **프로그레시브 잭팟 배당 관련 버튼**

    A. JP-1 : Royal Straight Flush 잭팟 버튼

    B. JP-2 : Straight Flush 잭팟 버튼

    C. JP-3 : Four of a kind 잭팟 버튼

    D. JP-4 : Full House 잭팟 버튼

    E. JP-5 : Flush 잭팟 버튼

    F. J-POT : 잭팟 금액 지불 버튼

④ **RUN(R) :** 게임 진행 버튼

⑤ **SERVICE(S) :** 컨트롤러의 정상작동을 체크하는 버튼

4. 프로그레시브 잭팟 컨트롤러(Controller) 작동방법

① JP-1, JP-2 잭팟인 경우

A. 해당 잭팟의 버튼을 누른다(JP-1 또는 JP-2 버튼).

B. 하드 키(Hard Key)를 'JPH'에 위치시키고, J-POT 버튼이 깜빡이는지를 확인한다.

C. J-POT 버튼을 누른다. 이때 컨트롤러 미터기에 해당 금액이 표시된다.

D. 표시된 금액만큼 지불(Pay)한다.

E. 지불 후, 하드 키(Hard Key)를 'R'위치로 돌린다.

② JP-3, JP-4, JP-5 잭팟인 경우

A. 해당 잭팟의 버튼을 누른다(JP-3, JP-4, JP-5 버튼).

B. 하드 키(Hard Key)를 'JPL'에 위치시키면, J-POT 버튼이 깜빡이는지를 확인한다.

C. J-POT 버튼을 누른다. 이때 컨트롤러 미터기에 해당 금액이 표시된다.

D. 표시된 금액만큼 지불(Pay)한다.

E. 지불 후, 하드 키(Hard Key)를 'R'위치로 돌린다.

③ 'Game Over'를 눌러 프로그레시브를 초기화하여 새 게임을 진행한다.

Progressive Jackpot Betting Zone

[표 7-2] Progressive Jackpot Payout

프로그레시브 잭팟 배당금

Rank of Poker	배당금
Royal Straight Flush	누적 잭팟 총금액의 100%
Straight Flush	누적 잭팟 총금액의 10% 또는 ₩500,000 중 큰 금액 선택
Four of a Kind	₩500,000
Full House	₩300,000
Flush	₩100,000

3. 캐리비언 스터드 포커게임 진행 콜링(Calling)

캐리비언 스터드 포커게임을 진행할 때 사용하는 콜링(Calling)이다. 콜링은 게임 진행 때와 딜러의 패 순위 등을 알릴 때 사용한다.

[표 7-3] Caribbean Stud Poker Calling

콜링 종류	Calling	콜링 의미
게임 진행	"Anti, please!"	새로운 게임 시작 시 고객의 안티 베팅을 유도 콜링
	"Jackpot, please!"	프로그레시브 잭팟 베팅 유도 콜링
	"No more bet, please!"	더 이상 베팅을 할 수 없다는 콜링
	"Betting, please!"	딜러카드를 오픈하기 전 고객의 두 번째 베팅을 유도하는 콜링
	"Dealer Open"	딜러카드의 오픈을 알리는 콜링
	"Dealer 00"	딜러 패의 순위(가치)를 콜링
	"Player 00"	플레이어 패의 순위(가치)를 콜링
딜러 패 순위	"Nothing"	Ace & King 이하의 패인 경우
	"Pair 00"	One Pair일 때
	"00 Pair"	2 Pair일 때
	"패 명칭"-Flush	2 Pair 이상인 경우

제4절 핸드 셔플(Hand Shuffle)게임 진행

캐리비언 스터드 포커게임 진행은 주로 셔플머신을 사용하지만 간혹 기계 고
장으로 인하여 핸드 셔플을 하여서 게임을 진행할 경우가 발생한다.

이러한 경우에는 핸드 셔플로 게임을 진행하는데 셔플방법은 아래와 같다.

① 카드는 1덱(Deck)만을 사용한다.

② 워싱(Washing) 1회, 셔플(Shuffle) 1회, 스트리핑(Stripping)을 3회 실시한다.

③ 셔플 후, 딜러는 인디케이트 카드(Indicate Card)를 사용하여 커팅(Cut-
   ting)을 실시한다. 커팅 후에는 인디케이트 카드(Indicate Card)를 꺼내어
   카드 맨 뒤쪽에 놓아 카드를 가린다.

④ 플레이어(Player)의 베팅을 유도한다.

⑤ 플레이어(Player)의 베팅 완료 후, 시계방향으로 카드를 1장씩 드로잉
   (Drawing)을 5회 실시하며, 딜러는 마지막 순서로 카드를 받는다.

⑥ 플레이어에게 카드 배분이 끝나고 남은 카드는 디스카드 홀더에 갖다 놓
   는다.

Genting Highland Caribbean Stud Poker Table

TAI-SAI GAME
(Big & Small, High & Low)

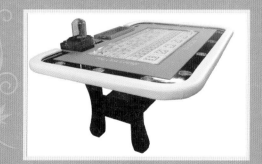

#08 TAI-SAI GAME

제1절 다이사이게임(Tai-Sai Game)의 역사

카지노(Casino)를 연구하는 학자들에 의하면 전 세계는 약 6천여 종의 게임과 놀이가 있다고 한다. 그중 약 3,600여 종이 중국인에 의해 창안되거나 중국인에 의해 전래되었다고 한다.

다이사이(Tai-Sai)게임의 유래는, 한 제후의 재정을 담당하는 신하가 공금을 유용한 사실이 탄로날 위기에 처했다. 중앙정부에서 회계감사를 하러 오겠다는 전갈이 있었기 때문이다. 이 신하는 공금을 채울 방법이 없자 한 가지 꾀를 생각해 냈다. 그는 3개의 주사위로 하는 아주 쉬운 게임으로 다이사이를 창안했다. 게임은 배우기도 쉽고 이기면 당첨될 확률도 높았으므로 중국인들의 취향에는 적격이었다. 이 신하는 이 게임을 통해 횡령한 금액을 모두 메울 수 있었고 이 게임을 직접 해본 많은 사람들은 이웃나라로 가서 이 게임으로 돈을 벌 수 있었다 한다.

중국 게임 가운데 현재 미국 라스베이거스 카지노에서 자주 애용되고 있는 게임들이 몇 종류 있는데, 그것은 다이사이(TAI-SAI=大小), 키노(KENO), 파이까우(PAI-GOW), 파이까우 포커(PAI-GOW POKER), 슈퍼 팡 9(SUPER PANG 9) 등이다. 중국 사람들이 창안한 게임의 특색은 하우스가 이길 확률이 서양 게임에 비해 월등히 높다는 것이다. 다이사이게임은 빅 앤 스몰(Big & Small)이라 하기도 한다.

제2절 게임 기구(Game Equipment)

1. 게임 테이블(Game Table)

대다수의 다이사이(Tai-Sai)게임 테이블은 전기장치가 설치되어 있으며, 테이블 위에는 전기장치로 당첨구역을 표시하는데 육안으로 쉽게 확인할 수 있게끔 아크릴로 설계된 당첨구역 위에 5mm 이상의 두꺼운 유리로 덮여 있다. 테이블 위에는 전기장치와 셰이크가 놓여 있다.

Tai-Sai Game Table ①

Tai-Sai Game Table ②

2. 다이사이 레이아웃(Tai-Sai Layout)

국가별로 조금씩 다른 모양의 레이아웃 형태로 운영되지만 내용 면에서는 큰 차이가 없다. 예를 들면 싱글 다이스(Single Dice)가 왼쪽부터 시작되는 레이아웃이 있는가 하면, 오른쪽부터 시작하는 차이 정도와 트리플 벳(Triple Bet)을 주사위로 표시한 레이아웃이 있는 반면에 숫자로 표시한 정도이다.

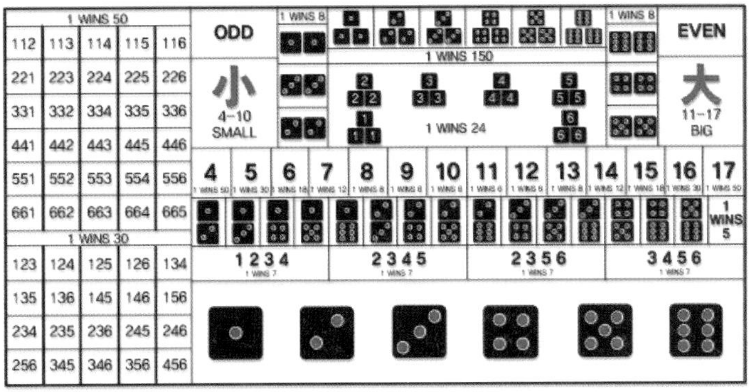

〈그림 8-1〉 Tai-Sai Layout 1

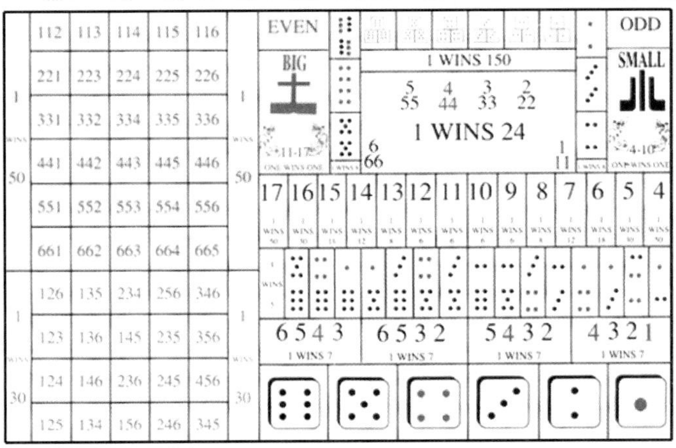

〈그림 8-2〉 Tai-Sai Layout-Genting Highland

3. 다이스 셰이커(Dice Shaker)

3개의 주사위가 들어 있는 셰이커는 예전에는 딜러가 손으로 직접 용기를 집어서 흔들어 주사위를 섞었는데 근래는 전기장치를 이용하여 섞는다. 셰이커는 유리로 둘러싼 용기 안에 3개의 주사위가 들어 있고, 그 밖으로는 유리를 둘러싸고 있는 뚜껑이 있다.

제3절 게임 진행(Game Process)

다이사이(Tai-Sai)게임은 플레이어가 베팅한 숫자 혹은 숫자의 조합이 딜러가 셰이크(Shaker) 용기로 섞은 주사위(Dice)의 합과 일치하면 정해진 배당률에 의해 배당금을 지급받는 게임이다.

① 딜러가 3개의 주사위를 셰이크(Shaker)를 사용하여 섞으면, 플레이어는 주사위의 숫자와 조합을 예상하여, 각각의 주사위의 합계를 일치하도록

맞추는 것이다.

② 플레이어는 게임에 참가하기 위해서 게임 테이블에서 칩을 구입하고, 정해져 있는 베팅구역(Position) 내에서 걸 수 있다.

③ 플레이어의 베팅이 완료된 후, 딜러는 투명한 글라스 용기 안에 있는 3개의 주사위를 전기 자동장치를 이용하여 섞기 시작한다.

④ 딜러는 셰이커의 작동이 멈추면 셰이커의 뚜껑을 열고, 내부에 있는 3개의 주사위 숫자와 숫자의 합을 알린 후, 게임 테이블에 있는 전광판에 당첨번호(Winning Number)가 표시되도록 버튼(Button)을 누른다.

⑤ 만약에 주사위가 겹쳐져 있거나 각 주사위의 숫자를 판독하기 어려운 경우, 딜러는 게임 무효(No Game)를 선언하고 본 게임을 무효처리한다.

⑥ 딜러는 당첨되지 않은 구역의 칩을 먼저 테이크(Take)하고, 당첨된 구역의 칩은 당첨 배당률에 의하여 지급한다.

⑦ 딜러의 미스테이크(Mistake)로 인하여 셰이크 내부의 주사위 숫자와 전광판의 숫자가 일치하지 않을 경우 주사위 숫자와 일치하도록 정정한다.

⑧ 모든 플레이어는 당첨 지급이 완료될 때까지, 또는 딜러의 다음 게임(Next Game)의 베팅 권유가 있을 때까지 새로운 베팅을 할 수 없다.

제4절 다이사이(Tai-Sai) 베팅 명칭 및 배당률

다이사이(Tai-Sai)는 3개의 주사위의 합이나 주사위의 모양을 예측하여 베팅하는 게임 형식으로서 11개의 베팅구역(Betting Zone)이 있다. 배당률은 1배로부터 가장 많게는 150배까지 있다. 주사위 세 개의 합이 4에서 10까지를 스몰(Small, Low-小)이라 하고, 11에서 17까지를 빅(Big, High-大)이라 한다. 가장 많은 베팅구역은 페어 플러스(Pair Plus) 벳(Bet)으로 30개의 베팅구역으로 나누어져 있고 그 다음이 하드 넘버(Hard Number) 벳(Bet)으로 20개 구역이다.

[표 8-1] Tai-Sai Betting Positing & Payout

다이사이 배당구역 및 배당률

Betting Zone		Pay Out
Big / Small Bet	11~17(Big) / 4~10(Small)	1배
Even / Odd Bet	짝수 / 홀수	1배
Single Dice Bet	주사위 1개가 일치할 때	1배
	주사위 2개가 일치할 때	2배
	주사위 3개가 일치할 때	3배
Total Number Bet	주사위 합이 4 & 17	50배
	주사위 합이 5 & 16	30배
	주사위 합이 6 & 15	18배
	주사위 합이 7 & 14	12배
	주사위 합이 8 & 13	8배
	주사위 합이 9, 10, 11, 12	6배
Domino Bet	2개의 주사위 숫자조합이 일치할 때	5배
Four Numbers Combination Bet	3개의 주사위가 네 개의 숫자조합 중 세 개의 숫자와 일치할 때	7배
Pair Dice Bet	3개의 주사위 중 2개의 주사위가 같이 조합될 때	8배
Any Triple Bet	세 개의 주사위가 동일한 숫자일 때	24배
Hard Number Bet	세 개의 주사위의 합계를 예상하는 베팅	30배
Pair Plus Bet	세 개의 주사위 중 페어(Pair)와 한 개의 숫자를 예상하는 베팅	50배
Triple Bet	세 개의 주사위가 동일한 숫자이고 그 숫자까지 일치할 때	150배

BIG WHEEL GAME
(Big Six)

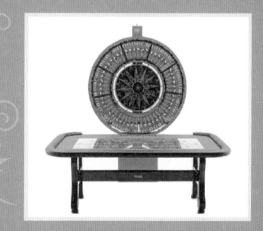

제1절 빅 휠(Big Wheel)게임의 개요

빅 휠(Big Wheel)은 카니발 게임(Carnival Game)의 한 형태로서 직경 6피트 (pit/ft)의 원으로, 지면으로부터 수직으로 세워져 있다. 휠(Wheel)이 돌아가기 시작하여 서서히 속도가 줄어들면서 휠(Wheel)에 있는 54개의 칸(Slot) 중 한 곳에 멈추게 된다.

휠은 전부 54등분으로 분할되어 있고, 서로 다른 심벌(Symbol)로 구성되어 있으며, 테이블 레이아웃의 위에는 휠 중에 분할되어 있는 심벌이 균등하게 베팅 배수와 연결되어 있다. 바퀴가 멈추어 휠 인지게타(Stopper)가 가리키는 슬롯(Slot)이 위닝 넘버(Winning Number)가 된다.

빅 휠(Big Wheel)은 11.1~24%의 높은 하우스 어드밴티지(House Advantage)를 가지고 있다.

제2절 빅 휠(Big Wheel)게임 기구(Game Equipment)

1. 게임 테이블(Game Table)

빅 휠(Big Wheel) 게임 테이블에는 딜러의 포지션(Position)에 칩 트레이 (Chips Tray-Chips Rack)가 있고, 대형 바퀴(Big Wheel) 내의 당첨 배당금과 동일한 베팅구역이 인쇄되어 있다. 테이블 윗면은 육안으로 쉽게 확인할 수 있는 유리로 시설되어 있고, 테이블 형태는 다이사이(Tai-Sai)게임 테이블 형태의 크기와 유사하지만, 한 가지 특징은 일반 게임 테이블처럼 플레이어들의 자리 번호(Seat Number)가 매겨져 있지 않다는 것이다. 또한 대다수 카지노 영업장의 빅 휠(Big Wheel)게임 테이블에는 의자가 없다는 점이다.

이러한 점으로 미루어 볼 때 빅 휠게임은 플레이어들이 앉아서 게임을 즐기는 형태라기보다는 주로 서서 게임을 하는 것이라고 볼 수 있다. 즉, 빅 휠(Big Wheel)게임은 갬블러(Gambler)들이 오랫동안 계속적인 플레이(Play)를 하는 것이 아님을 예측할 수 있다.

Big Wheel Table ①

Big Wheel Table ②

2. 빅 휠(Big Wheel) 레이아웃(Layout)

빅 휠(Big Wheel) 레이아웃(Layout) 은 각국의 카지노에 따라 조금씩 상이하다. 하지만 대다수의 빅 휠(Big Wheel) 테이블은 레이아웃(Layout) 위에 인쇄된 배당구역 표시 위에 투명유리로 설치되어 있는 것이 일반적이다.

Big Wheel Layout

제3절 게임 진행(Game Process)

빅 휠(Big Wheel)은 딜러에 의해 회전된 휠(Wheel)이 멈추어 섰을 때, 휠에 부착된 플리퍼(Flipper)가 어떤 심벌(Symbol)에 멈추게 될 것인가를 알아맞히는 예측게임이다.

① 플레이어가 게임에 참가하기 위해서는, 게임 테이블에서 칩을 구입하고, 레이아웃(Layout) 위에 베팅을 한다.

② 플레이어의 베팅이 완료되면 딜러는 휠을 시계방향 또는 시계 반대방향으로 회전시킨다.

③ 회전하는 휠이 멈추고 플리퍼(Flipper)가 가리키는 심벌을 플레이어에게 알린다.

④ 딜러는 당첨되지 않은 구역(Position)의 칩을 먼저 테이크(Take)하고, 당첨

된 구역의 칩은 당첨 배당률에 의하여 지급한다.

⑤ 플레이어와 딜러는 게임 도중에 휠(Wheel)의 회전을 절대로 방해해서는 안되며, 예상할 수 없었던 상황발생 등에 의해 휠의 회전을 방해한 경우는 노 게임(No Game)을 선언한다.

⑥ 모든 플레이어는 지불이 완료될 때까지 레이아웃(Layout) 위에 새로운 베팅을 할 수 없다.

제4절 **빅 휠(Big Wheel) 배당률(Payout)**

[표 9-1] Big Wheel Symbol & Payout

빅 휠 당첨 배당 지급률	
Symbol	Payout
40	40배
40	40배
20	20배
10	10배
5	5배
2	2배
1	1배

배당률은 각 카지노에서 도입하여 운영하고 있는 빅 휠(Big Wheel)의 심벌(Symbol)구조에 따라 조금씩 상이하다. 심벌은 대체적으로 7가지 형태로 구분되는데 각 심벌별로 배당금이 다르게 지급된다. 국내 카지노의 빅 휠 당첨 배당률은 가장 많은 것이 40배로부터 20배, 10배, 5배, 2배, 1배 순이다.

반면에 외국 카지노는 47배나 50배 이상 되는 곳도 있다.

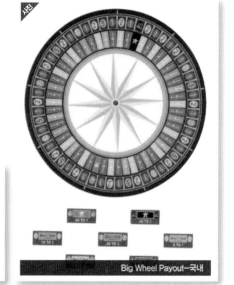

Big Wheel Payout-국내

Big Wheel Payout-국외

기타 게임

#10 기타 게임

전 세계적으로 게임을 개발하고 특허 신청을 하여서 게임사업을 하는 국가 또는 기업이 늘고 있다. 국내에서도 외국 게임을 도입하여 커미션을 지불하는 게임들이 있는데, 이 게임들은 계약으로 매월, 또는 매년 일정금액의 게임 로열티(Royalty)를 지불하고 있다.

제1절 카지노 워(Casino War)

카지노 워(Casino War)는 가장 단순하고 빠른 게임 진행을 하는 테이블게임이고 플레이어는 카지노 워(Casino War)게임 옵션에서 최고 50.3%의 승률을 가질 수 있는 유리한 점이 있다.

게임 진행방법은 플레이어는 베팅을 하고, 자신에게 분배된 카드 1장이 딜러의 카드보다 높으면 이기는 게임이다. 하우스 어드밴티지(House Advantage)는 18.65%이다.

〈그림 10-1〉 Casino War Layout

1. 카드 순위(Value of Card)

카드 순위는 카드 무늬와는 상관없이 A(Ace)가 가장 높으며 숫자로만 결정된다.

A, K, Q, J, 10, 9, 8, 7, 6, 5, 4, 3, 2
[High]   ↔   [Low]

2. 게임 진행(Game Process)

① 베팅구역(Betting Zone)에 베팅을 한다.

② 원 베팅 후에 플레이어는 타이(Tie)에 걸 수도 있다.

③ 플레이어와 딜러는 각각 1장씩 페이스 업(Face Up)된 카드를 받는다.

④ 플레이어의 카드가 딜러의 카드보다 높으면 1배를 지급받는다.

⑤ 플레이어의 카드가 딜러의 카드보다 낮으면 패한다(Ace가 가장 높음).

⑥ 타이(Tie)가 되면 10배를 지급받는다.

3. 게임 옵션(Game Option)

플레이어의 카드와 딜러의 카드의 값이 서로 같으면 플레이어는 두 가지 중 하나를 선택할 수 있다.

1) Surrender

게임을 포기하는 경우이며, 이때는 최초에 베팅한 원금의 절반(1/2)을 잃게 된다.

2) Go To War

워(War)를 선택하면, 플레이어와 딜러는 각각 처음에 베팅했던 금액과 같은 금액을 레이아웃(Layout) 위에 베팅한다. 플레이어와 딜러는 각각 다른 카드를 한 장씩 더 받고 플레이어의 카드가 딜러카드보다 높거나 같으면 워(War)에서 승리하게 되며, 플레이어가 지면 모든 베팅금액을 잃는다.

워(War)를 선택해서 플레이어와 딜러의 카드 숫자가 같을 경우 플레이어는 베팅된 모든 칩스를 가져감과 동시에 보너스(Bonus)로 최초의 베팅 원금에 대해 1배를 추가로 지급받는다.

3) 타이 벳(Tie Bet)

카지노 워(Casino War)에서는 타이(Tie)에 보너스 베팅을 할 수 있다. 플레이어가 타이(Tie)에 베팅해서 딜러의 카드와 숫자가 같으면 10배(10 To 1)를 지급받는다.

4. 지불방법(Pay-out)

● Player Win	1 to 1
● Tie Bet	10 to 1
● Surrender(Player Surrender)	Lose Half(1/2)
● Win(Go to War-Player Win)	1 to 1
● Tie(go to War-Tie)	2 to 1

A. 최초로 플레이어 승(Win)인 경우-최초 베팅 금액만을 1배(1 to 1) 지불한다.

B. 'Go To War' 이후, 딜러와 플레이어가 타이(Tie)인 경우-플레이어가 이기며, 최초 베팅금액만을 2배(2 to 1)로 지불한다.

5. 라이선스 비용(License Charge)

카지노 워(Casino War)게임은 카지노업체에서 매월 게임 라이선스 비용(License Charge)을 지급해야 하는데 그 비용은 다음과 같다.

매월	US$700
1년	US$7,700
3년	US$21,000
5년	US$35,000

Casino War

제2절   **쓰리카드 포커(Three Card Poker)**

쓰리카드 포커(Three Card Poker)는 플레이어와 딜러가 각각 3장의 카드를 분배하여 높은 순위(Rank)의 패를 가진 쪽이 승리하는 게임으로 캐리비언 스터드 포커와 조금은 유사한 점이 있으며, 승패에 관계없이 플레이어의 패가 페어 (Pair) 이상의 순위가 나온 경우에는 정해진 배수에 따라 지급을 받는 페어 플러스(Pair Plus) 베팅을 옵션으로 하고 있다.

1. 카드 가치(Value of Card)

① 카드 순위는 카드 무늬와는 상관없이 A(Ace)가 가장 높으며 숫자로만 결
정된다.

A, K, Q, J, 10, 9, 8, 7, 6, 5, 4, 3, 2

[High ↔ Low]

② 단, A(Ace)는 2, 3과 조합될 때에는 1의 값으로 사용된다.

(예 : 4, 3, 2의 스트레이트 조합이 3, 2, A의 조합보다 높은 서열이 된다.)

③ 플레이어(Player)와 딜러(Dealer)가 같은 값의 페어(Pair)를 가졌을 때에는
세 번째 카드의 값으로 서열을 가린다.

〈승/Win〉　　　　　　　　〈패/Lose〉

2. 카드 순위(Rank of Card)

쓰리카드 포커(Three Card Poker)는 일반 포커(Poker)와의 순위(Rank)와는
조금 상이하며 여섯 가지의 순위로 결정된다.

순위(Ranking)	구분	
스트레이트 플러시 (Straight Flush)	카드 무늬(Suit)가 동일하고 연속적인 숫자인 경우	High
쓰리 오브 카인드 (Three of a Kind)	동일한 카드의 숫자가 3장인 경우	↑
스트레이트 (Straight)	연속적인 숫자의 카드가 3장인 경우	
플러시(Flush)	동일한 무늬의 카드가 3장인 경우	
원페어(One Pair)	같은 숫자의 카드가 2장인 경우	↓
하이카드 (High Card)	원 페어 이하일 경우 순위가 높은 카드	Low

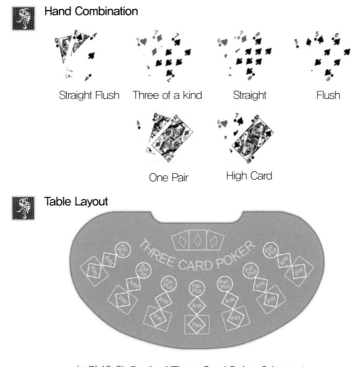

Hand Combination

Straight Flush   Three of a kind   Straight   Flush

One Pair   High Card

Table Layout

〈그림 10-2〉 Rank of Three Card Poker & Layout

275

2. 게임 진행(Game Process)

① 플레이어는 안티(Ante)에 베팅을 하여야 한다. 이때, 옵션인 페어 플러스 (Pair Plus) 베팅도 함께할 수 있으며, 안티(Ante) 벳 없이 페어 플러스(Pair Plus) 베팅만으로도 게임은 진행된다.

② 딜러와 플레이어에게 각각 3장의 카드를 페이스 다운(Face Down)으로 분 배한다.

③ 플레이어는 자신의 카드를 확인한 후, 게임포기(Fold)와 게임을 계속해야 할 것인가를 결정하여야 한다. 게임을 계속하기를 원할 때는 플레이(Play) 벳(Bet)에 본인의 카드를 내려놓고, 카드 위에 안티(Ante)에 베팅한 동일한 금액만큼 추가 베팅하여야 한다.

④ 플레이어들의 추가 베팅이 끝난 후에 딜러의 카드를 오픈(Open)한다. 이때 딜러의 패가 Q(Queen) 하이(High) 이하의 서열(Ranking)일 경우에는 플레 이어들의 카드 합을 비교하는 절차 없이 플레이어들의 안티 벳(Ante Bet) 에만 1배(1 to 1)를 지불하며, 플레이(Play) 벳은 비기게(Push) 된다.

⑤ 딜러가 Q(Queen) 하이(High) 이상의 순위를 가진 경우에는 플레이어들의 카드와 서열(Ranking)을 비교한 후, 딜러의 서열이 높으면 안티(Ante) 및 플레이(Play) 베팅 금액을 수거한다.

⑥ 반대로 플레이어의 서열이 높으면 안티(Ante) 및 플레이(Play)에 베팅한 금 액만큼 이븐 페이(Even Pay−1배)한다.

⑦ 플레이(Play) 베팅의 경우에는 카드의 서열에 따라 별도의 보너스를 추가 로 지급한다.

Three Card Poker Layout ①　　Three Card Poker Layout ②

3. 배당금(Dividend)

1) 안티 보너스(Ante Bonus)

플레이어는 승/패와 관계없이 플레이어의 카드가 다음의 카드 서열을 가졌을 때에는 추가로 배당금을 지급받게 된다.

구분	배당률
Straight Flush	5배
Three of a Kind	4배
Straight	1배

(2) 페어 플러스(Pair Plus)

플레이어가 페어 플러스(Pair Plus)에 베팅을 한 경우, 카드의 승/패와 관계없이 플레이어의 카드가 다음의 카드 서열을 가졌을 때에 정해진 배당금을 지급받게 된다. 단, 폴더(Fold-게임 포기)를 한 경우는 지급하지 않는다.

구분	배당률
Straight Flush	40배
Three of a Kind	30배
Straight	6배
Flush	4배
One Pair	1배

4. 라이선스 비용(License Charge)

쓰리카드 포커(Three Card Poker)게임은 카지노업체에서 매월 게임 라이선스 비용(License Charge)을 지급해야 하는데 그 비용은 매월 US$ 995이다.

Three Card Poker-Genting Highland

제3절 포 카드 포커(Four Card Poker)

포 카드 포커(Four Card Poker)의 게임 진행방식은 쓰리카드 포커(Three Card Poker)와 비슷하지만 한 가지 다른 점이 있다. 쓰리카드 포커(Three Card Poker)에서는 안티(Ante)와 플레이(Play)의 베팅 액수가 똑같아야 하지만 포 카드 포커(Four Card Poker)에서는 플레이(Play)에 자신이 안티(Ante)에 베팅한 금액에 3배까지 베팅할 수 있다.

1. 게임방법(How to Play)

① 플레이어(Player)는 반드시 안티(Ante)에 베팅을 한다.
② 플레이어는 Ace Up에도 베팅을 할 수 있고 Pair of Aces와 Two Pair부터 페이 테이블에 명시되어 있는 대로 시상을 받을 수 있다.
③ 플레이어들은 5장의 카드를 받아서 4장의 포 카드 포커(Four Card Poker) 핸드를 만든다.
④ 4장의 카드로 스트레이트(Straight)나 4장의 카드로 플러시(Flush)를 만든다.
⑤ 딜러는 6장의 카드를 받아 4장의 포 카드(Four Card) 핸드를 만든다. 이때 딜러는 여섯 장의 카드 중 한 장의 카드를 오픈한다.

2. 플레이어(Player) 게임 진행

① 플레이어는 자신의 카드를 본 후, 게임을 포기할지 아니면 Play에 베팅할

것인지를 결정한다.

② 플레이어는 자신의 안티(Ante) 베팅금액에 1배에서 3배까지를 Play에 베팅할 수 있다.

③ 베팅이 끝나면 딜러는 자신의 카드를 모두 오픈(Open)하고 각 플레이어의 카드와 비교한다.

④ 플레이어가 딜러를 이기거나 비기면 플레이어는 자신이 베팅한 Ante와 Play에 베팅한 금액에 대하여 1배(1 to 1)를 지급받는다. 플레이어가 패하면 플레이어는 자신이 베팅한 Ante와 Play에 베팅한 금액을 잃는다(딜러는 항상 Qualify).

⑤ 쓰리 오브 카인드(Three of a Kind) 이상의 핸드를 가지면 플레이어가 안티(Ante)에 베팅한 금액에 대하여 자동 보너스(Automatic Bonus)를 받을 수 있다. 이 보너스는 플레이어(Player)가 딜러(Dealer)에게 패(Lose)하여도 받을 수 있다.

⑥ Aces Up 사이드 베팅은 플레이어가 Pair of Aces 또는 그 이상의 핸드를 가지고 있으면 페이 테이블(Pay Table-Payout)의 내용처럼 배당을 받을 수 있다.

3. 페이 테이블(Pay Table)

포 카드 포커(Four Card Poker)의 가장 높은 서열(Ranking)은 포 오브 카인드(Four of a Kind)이며, 배당률은 50배이다. 총 7가지의 카드 서열(Ranking)이 있으며, 에이스(Ace) 페어(Pair)가 가장 낮은 카드 순위이다.

ACES UP		AUTOMATIC BONUS	
Four of a Kind	50 to 1	Four of a Kind	25 to 1
Straight Flush	30 to 1	Straight Flush	20 to 1
Three of a Kind	7 to 1	Three of a Kind	2 to 1
Flush	6 to 1		
Straight	5 to 1		
Two Pair	2 to 1		
Pair of Aces	1 to 1		

4. 라이선스 비용

포 카드 포커(Four Card Poker)게임은 카지노업체에서 매월 게임 라이선스
비용(License Charge)으로 US$700를 지급한다.

매월	US$700
1년	US$7,700
3년	US$21,000
5년	US$35,000

〈그림 10-3〉 Four Card Poker Layout

제4절 폰툰 팬더모니엄(Pontoon Pandemonium)

폰툰 팬더모니엄(Pontoon Pandemonium)은 블랙잭(Black Jack)의 변형 게임이라고 할 수 있으며, 블랙잭게임의 초기 버전이라고도 한다. 미국이나 유럽 등지에서는 블랙잭을 선호하겠지만 필리핀이나 폰툰게임에 익숙해져 있는 플레이어들은 블랙잭보다 폰툰을 더 좋아한다.

폰툰게임의 특징은 블랙잭은 딜러카드가 2장이며, 그중에 한 장은 오픈(Face Up)하여 플레이어(Player)들은 딜러카드의 숫자를 어느 정도 예상할 수 있는 반면에 폰툰은 딜러카드를 2장 모두 다운(Face Down)하여 받기 때문에 딜러카드를 예상하기 어려운 점이 있다. 또한 플레이어와 딜러가 비길 때(Push or Tie)는 블랙잭처럼 비기는 것이 아니라 딜러가 이기는 것이 이 게임의 룰이다.

1. 게임 진행(Game Process)

폰툰 팬더모니엄(Pontoon Pandemonium)은 블랙잭과 같은 게임방법으로 딜러와 상대하여 플레이를 한다. 일반 블랙잭게임과 가장 큰 차이점은 52장의 카드가 아닌 48장의 카드로 플레이를 한다는 것이다(4장의 '10'을 빼고 플레이를 한다). 10을 뺀 모든 카드는 블랙잭게임과 동일한 값을 갖는다.

블랙잭과 마찬가지로 플레이어들에게 처음 나누어준 두 장의 카드가 A(Ace)와 그림카드(King, Queen, Jack)이면 폰툰(Pontoon)이라 한다.

10 카드가 적을수록 딜러가 버스트(Bust)할 확률이 높은 반면, 플레이어도 버스트할 확률이 높다.

① 딜러는 처음에 각 플레이어에게 한 장의 카드를 나누어주고 자신은 한 장

의 카드를 가진다. 그리고 다시 한 장을 더 플레이어에게 나누어준다.

② 플레이어는 자신이 가지고 있는 카드의 합계를 높이기 위해서 추가로 카드를 가질 수 있는 기회가 있다.

③ 딜러를 이기기 위해서 플레이어의 카드의 합계는 21을 넘지 않으면서 딜러의 합계보다 많아야 한다.

2. 게임방법(How to Play)

① 'Boxes'라고 불리는 베팅 장소에 베팅을 한다. 하나의 박스(Box)에 베팅을 세 개까지 할 수 있다. 자리에 앉은 플레이어가 카드에 대한 결정권을 갖는다.

② 딜러는 먼저 베팅이 되어 있는 Box에 페이스 업(Face Up)상태로 한 장씩 카드를 나누어주고 자신도 한 장의 카드를 갖는다. 그 다음 두 번째 카드를 나누어주고 딜러도 두 번째 카드를 가진다. 이때 딜러는 페이스 다운된 채 카드를 받는다.

③ 딜러는 자신의 카드가 폰툰(Pontoon)인지 확인하고, 폰툰이면 플레이어들의 베팅된 칩과 카드를 전부 테이크한다.

④ 플레이어는 두 장의 카드를 바탕으로 다른 카드를 받을 것인지, 더블을 할 것인지, 스플릿(Split)을 할 것인지 아니면 스테이(Stay)를 할 것인지를 결정한다.

⑤ 모든 플레이어가 자신들의 핸드를 끝내면 딜러는 자신의 두 번째 카드를 받고 필요할 경우 추가로 카드를 받는다.

[표 10-1] 페이 테이블(Pay Table)

Pontoon	3 to 2
5 Cards Totaling 21	3 to 2
6,7,8 Mixed Suits	3 to 2
7,7,7 Mixed Suits	3 to 2
6 Cards Totaling 21	2 to 1
6,7,8 Same Suits(Except Spades)	2 to 1
7,7,7 Same Suits(Except Spades)	2 to 1
7 or More Cards Totaling 21	3 to 1
6,7,8 All Spades	3 to 1
7,7,7 All Spades	3 to 1
All Other Winning Wagers	1 to 1

3. 폰툰 팬더모니엄(Pontoon Pandemonium) 잭팟(Jackpot)

폰툰 팬더모니엄(Pontoon Pandemonium)에서 플레이어는 추가로 폰툰(Pontoon) 베팅을 할 수 있는 옵션이 있다. 이 잭팟은 폰툰 잭팟을 위해 지정된 베팅 장소에 정해진 금액을 베팅하면 된다.

만약 처음 두 장의 카드가 폰툰(Pontoon)이면 박스(Box)에 베팅한 금액에 3 to 2로 지불을 받고 잭팟 버튼을 눌러서 추가로 현금을 받을 수 있는 기회를 가질 수 있다.

카드에 대해 결정권이 있는 플레이어가 잭팟 버튼을 누를 수 있고 잭팟 버튼을 누르면 폰툰(Pontoon) 보너스 미터에 상금 액수가 나타난다.

만약 처음 두 장의 카드가 폰툰(Pontoon)이 아니면 플레이어는 폰툰을 위해 베팅한 금액만 잃고 계속 플레이를 한다.

4. 라이선스 비용(전자시스템 포함)

폰툰(Pontoon)게임은 카지노업체에서 매월 게임 라이선스 비용(License Charge)으로 US$1,000를 지급한다.

매월	US$1,000
1년	US$11,000
3년	US$30,000
5년	US$50,000

제5절 **드래곤 보너스(Dragon Bonus)**

드래곤 보너스(Dragon Bonus)는 북미지역에서 가장 인기 있는 바카라게임(Baccarat Game)이다. 드래곤 보너스(Dragon Bonus)는 플레이어(Player)가 내추

럴(Natural)로 이기거나 4점차 이상으로 이기면 된다.

드래곤 보너스(Dragon Bonus)는 바카라게임에서 사이드(Side) 베팅을 할 수 있는 옵션(Option)이 있다. 플레이어(Player)는 두 가지의 방법으로 이길 수 있다.

1. 게임 진행(Game Process)

① 드래곤 보너스(Dragon Bonus)를 베팅한 핸드가 내추럴(Natural)로 이기거나
② 내추럴(Natural)은 아니지만 4점차 이상으로 이겼을 때이다. 큰 점수 차로 이길수록 배당금(Payout)도 커진다.

2. 게임방법(How to Play)

① 플레이어는 딜러가 카드를 오픈하기 전에 드래곤 보너스(Dragon Bonus)에 베팅을 하여야만 한다.
② 딜러는 카지노 규칙에 따른 바카라게임(Baccarat Game) 룰(Rule)로 진행한다.
③ 게임이 끝나면 딜러는 카지노 규칙에 따라 바카라게임 배당에 따른 페이아웃(Payout)을 지불한다.
④ 카지노는 그들이 원하는 방식대로 보너스 페이(Bonus Pay)를 지불할 수 있다.
⑤ 내추럴로 이겼을 경우
　　A. 내추럴로 이기면 1배(1 to 1)를 지불한다.
　　B. 내추럴로 비기면 드래곤 보너스(Dragon Bonus)는 푸시(Push)이다.

286

[표 10-2] 보너스 페이 테이블(Bonus Pay Table)

9점차로 이겼을 경우	30 to 1
8점차로 이겼을 경우	10 to 1
7점차로 이겼을 경우	6 to 1
6점차로 이겼을 경우	4 to 1
5점차로 이겼을 경우	2 to 1
4점차로 이겼을 경우	1 to 1
내추럴	1 to 1

3. 라이선스 비용

드래곤 보너스(Dragon Bonus)게임은 카지노업체에서 매월 게임 라이선스 비용(License Charge)으로 US$300를 지급한다.

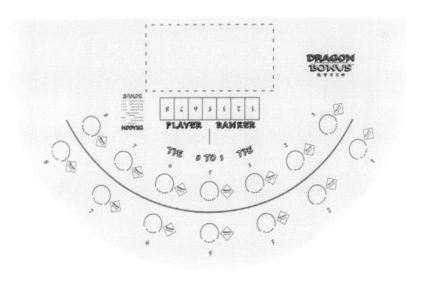

〈그림 10-4〉 Dragon Bonus Layout

매월	US$300
1년	US$3,300
3년	US$9,000
5년	US$15,000

제6절 텍사스 홀덤 포커(Texas hold'em Poker)

1. 게임의 목적(The Aim of The Game)

딜러가 가지는 다섯 장의 카드(Community Card)와 플레이어가 가지는 두 장의 카드(Pocket Card)를 조합하여 승패를 결정한다. 즉, 각각의 플레이어가 높은 Hand를 소유하거나, 기권을 하게 함으로써 해당 게임에 배팅되어 있는 금액을 소유하는 것이 게임의 주목적이다.

2. 카드 덱 수(Card Decks)

국제 규격 표준의 52장 한 벌 카드만이 테이블에서 사용된다.

3. 테이블 오픈(The Beginning)

① 감독자가 Check한 카드를 재Check 하여야 한다.
② 정확히 Check 된 카드는 테이블 중앙에 정해진 순서에 따라 Face Up으로

펼쳐놓는다.

③ 두 명 이상의 플레이어가 게임하기를 요청하면 "Check Open"을 하고 관리자의 허락 아래 게임을 시작한다.

4. 셔플과 커팅(Shuffle and Cut)

① **카드 셔플 (Shuffle):** 게임이 시작되면 딜러는 가볍게 카드를 워싱(Washing)한 후, 손님 방향으로 카드의 앞면이 보이게 정리하여 셔플을 한다. 셔플의 순서는 Ripple(2회)–Strip(3회)–Ripple(1회)이다

② **인디케이팅(Indicating):** 딜러는 셔플 후 Indicate Card를 맨 밑에 놓고 카드를 직접 커팅(Cutting)하여 게임을 진행한다.

5. 게임의 개요(Main Parts of The Game)

이 게임은 크게 다음의 다섯 단계로 나눠진다. 이 상태가 반복된다.

① **Pre-Flop:** 최초 딜러가 플레이어에게 나누어 주는 두 장의 카드로만 배팅이 이루어는 단계다.

② **Flop:** 딜러가 또 다른 석 장의 카드를 테이블에 오픈 하면서 이어지는 다음 단계를 말한다.

③ **Turn:** Flop 다음의 단계로 한 장의 딜러가 다른 한 장의 카드를 오픈 하여 이루어지는 단계다.

④ **River:** 마지막 카드가 오픈되어지는 단계이며, 플레이어들은 마지막 배팅을 한다.

⑤ **Winner 결정과 다음 게임으로의 전환:** 딜러는 해당 위너 또는 위너들에게 금

액을 밀어 준 뒤, 딜러 버튼을 옮기며, 다음 게임으로 전환한다.

6. 게임 기본 용어(Glossary of Terms)

① **딜러버튼 (Dealer Button):** 포커테이블에서는 딜러의 위치를 나타내기 위하여 "dealer"라고 쓰여 있는 작은 플라스틱 디스크를 놓는다. 이 디스크를 하우스에서는 버튼이라 부르며, 이 버튼 앞에 있는 사람은 딜러로 간주된다. 즉, 카지노 딜러는 이 사람을 대신해서 Deal을 해주는 것이라고 생각해도 무방한 것이다(최초 게임 오픈 시, 셔플 후 플레이어에게 한 장씩 카드를 주어 딜러 버튼을 정한다. 최고 높은 카드의 소유자가 처음 버튼을 가진다.)

② **Small blind:** 한 게임이 시작되기 전 플레이어가 임의로 배팅해야 하는 일정금액을 말하며, big blind 의 반액이다. 딜러버튼의 시계 방향으로 바로 옆자리다.

③ **Big blind:** 한 게임이 시작되기 전 플레이어가 임의로 배팅하는 일정 금액을 말하며, small Blind금액의 두 배액이다. Small Blind의 시계방향으로 바로 옆자리다.

④ **Check:** 배팅을 하지 않고 그냥 지나간다는 의사표시

⑤ **Call:** 배팅한 금액만큼만 따라간다는 의사표시

⑥ **Raise:** 상대방의 배팅한 금액만큼을 더 건다는 의사표시

⑦ **Fold:** 해당 게임을 포기한다는 의사표시

7. 칩 구입 및 교환(Chip Exchange)

① 모든 플레이어들은 게임 시작 전에 칩를 구입해야 한다.

② 플레이어의 배팅은 어떤 통화나 수표로도 불가능하며, 하우스에서 인정하는 칩만으로 게임에 임할 수 있다.

8. 게임진행에 따른 기본 규칙(Basic Rules of The Game)

① 게임의 참가자는 2~9명으로 한다.

② 게임이 시작되면 딜러는 카드를 셔플하여 순서에 의해 Small Blind 부터 한 장씩(딜러버튼 왼쪽부터) 플레이어에게 두 장의 카드를 아무도 보이지 않게 건네준다(진행 전 "Small and Big Blind, Please"라고 콜을 한다).

③ 두 장의 카드가 나누어진 후 big blind 의 왼쪽부터 플레이어 옵션(Check, Call, Raise, Fold)이 주어지고, Big Blind 금액만큼의 액수를 이야기 하면서 배팅을 유도한다(20,000 to You, Sir (maim) or Two to Call). 두 명이 남아서 게임을 할 경우 raise 의 범위를 두지 않고 게임을 할 수 있지만, 그 이상의 사람들이 남았을 때는 총 세 번의 Raise로 제한을 두며 이것을 "Cap"이라 한다.

④ **All In Rule:** 게임도중 플레이어의 금액이 다 되었을 경우 플레이어의 금액은 테이블에 있는 금액으로 한정한다. 즉, All In 이후의 금액에 대해서는 해당플레이어는 관여하지 않는다.

⑤ **카드교체 및 결정:** 감독자의 판단에 따라 교체될 수 있으며, 고객의 요청이 있을 시 교체할 수 있으나 그 결정은 감독자가 한다. 만약 고객이 새로운 카드를 원할 때 하우스 룰에 따라 새 카드를 사용하고 30분이 지난 후부터 교체할 수 있다. 고객이 새 카드를 원할 때는 "Check, Set Up"이란 콜을 한다.

⑥ **Missed Blind Rule:** 자신의 차례에 Blind를 하지 않고 게임에 빠져 있다가 들어올 경우 그 금액만큼을 차지하는 것을 기본 룰로 한다.

⑦ **공평성과 형평성의 룰:** 포커 전반적인 룰이기도 하지만, 특히 카드에 대한 모든 사람들의 공통 된 권리를 의미하는 말이다. 오픈 된 카드를 모든 플레이어들이 공유한다든지, 마지막 콜을 한 사람에게 위너카드를 보여주는 것이 그 예이다.

⑧ **예의와 에티켓:** 홀덤 게임은 일반적인 하우스 게임과는 다르게 플레이어간의 게임이기 때문에 플레이어간의 예의와 에티켓이 요구된다. 이긴 금액을 가지고 다른 테이블로 갑자기 이동한다든지, 칩을 숨기는 것이 그 예이다.

⑨ 테이블 관리자(F/P, P/B)는 자신의 판단에 따라 플레이어간의 언쟁이나 가열된 분위기 때문에 게임을 진행할 수 없을 경우 그 게임을 중지 할 수도 있으며, 플레이어에게 경고나 퇴장의 명령을 내릴 수도 있다.

텍사스 홀덤 포커 게임 진행-딜러

9. 플레이어의 의무(Poker Code of Conduct For Players)

플레이어는 다음과 같은 의무를 지닌다.

① **협잡행위:** 플레이어들 사이에 어떤 식으로도 다른 플레이어들의 카드가 무엇인지 알려서는 안 되며, 자신의 카드가 아닌 다른 카드에 대해 관여하여서는 안 된다.

② **지연행위:** 고의가 아닌 경우라도 정상적인 시간외에 결정을 하지 않고 시간을 지연하는 경우가 있어서는 안 되며, 하우스는 이러한 행위를 허용하지 않는다.

③ **Card Protection:** 플레이어는 자신의 카드를 자신이 보호해야 할 의무가 있으며, 그 피해에 대해서는 본인이 책임을 져야 한다.

④ **엄숙의 의무:** 게임이 진행되는 동안 플레이어는 영어 용어 이외의 수신호 및 바디랭귀지를 포함한 어떤 다른 언어를 써서도 안 된다.

⑤ **지적의 의무:** 딜러가 실수를 했거나 잘못된 진행 상황을 목격했을 경우 반드시 해당 딜러에게 그 사실을 알려야 한다.

⑥ **정확성의 의무:** 플레이어는 항상 명확한 콜을 해야 하며, 언어 외의 몸동작으로 의사를 표명할 경우에는 반드시 한 동작으로 이루어져야 한다.

10. 딜러의 의무 (Poker cCde of Conduct For Dealers)

① **경고의 의무:** 딜러는 플레이어의 게임미숙, 비 매너, 비신사적인 행동에 대해서 경고를 줌으로써 매끄러운 게임진행을 리더 할 의무가 있다.

② **카드 카운터의 의무:** 딜러는 치팅(Cheating) 방지를 위해 카드의 장수를 자신이 게임 테이블에 머물러 있는 동안 적어도 한 번은 카드 매수를 확인

해야 한다.(두 게임에 한 번)

③ **룰 숙지의 의무:** 딜러는 모든 룰과 원칙에 대해 숙지를 하고 있어야 한다.

11. 카드서열 및 리딩과 콜링(Card Ranking & Reading & Calling)

① Card의 순서

　a. 2장의 플레이어 Card와 5장의 Community Card로 순위를 정한다.
　b. Card의 순서는 숫자로 한다.
　c. 가장 높은 Card는 에이스(A)이며 그 다음부터는 K, Q, J, 10, 9, 8, 7, 6, 5, 4, 3, 2이다.

② Texas Hold'em Poker의 서열 및 Reading Hands

　a. High Card (No Pair): 같은 숫자가 없는 경우로 높은 숫자의 순서로 우열을 가린다.
　b. One Pair: Card 중 2장의 숫자가 같은 경우
　c. Two Pair: One Pair가 두 쌍인 경우
　d. Three of a Kind: Card 중 3장의 숫자가 같은 경우
　e. Straight Card: 무늬와 관계없이 5장의 Card가 연달아 나온 경우
　f. Flush Card: 숫자와 관계없이 5장의 카드의 무늬가 같을 경우
　g. Full House Card: 3장의 숫자가 같고 One Pair가 있는 경우
　h. Four of a Kind Card: 4장의 숫자가 같은 경우
　I. Straight Flush: 5장의 카드 중 무늬가 같고 5장의 카드가 연달아 나온 경우
　J. Royal Straight Flush: Card 중 5장이 모두 무늬가 같으면서 (10, J, Q, K, A)가 연달아 나온 경우

12. 홀덤 미스테이크 처리 기준(Standard Handling for Misdeals)

① 딜러가 카드를 플레이어에게 분배하면서 그 카드가 뒤집어지거나, 다른 플레이어들에게 보여 진다면, 플레이어는 그 카드로 게임을 계속 할 수 없다.

② 모든 카드의 분배가 끝난 후 딜러는 다음 카드를 플레이어들에게 주고 그 보여 진 카드를 덱의 맨 위 부분에 오픈 된 상태로 올리며, 그 카드를 Flop

카드의 Burn 카드로 사용한다. 만일 이러한 상황(딜러가 전해주는 카드가 플레이어들에게 보여 지는 일)이 맨 첫 장이나, 두 번째 장에서 발생할 경우 딜러는 카드를 수거하며, "Mis-Deal"이라고 콜 하고 카드를 셔플하여 게임을 다시 시작한다.)

③ 3장의 Flop을 오픈할 때 3장 이상이 오픈되어지거나, 모든 배팅이 완벽하게 되지 않은 상태에서 Flop을 오픈 할 경우, Burn된 카드는 제외하고 Flop된 카드를 수거하여 다시 셔플을 한다.

④ 배팅이 완벽하게 이루어지기 전에 턴 카드를 오픈할 시, 그 카드는 Play이 되어 지지 않는다. 배팅이 완벽하게 이루어지면 덱의 다음 카드를 burn하고 river카드가 될 다음 카드를 턴 카드로 사용한다. 그리고 배팅이 완벽하게 이루어지면 딜러는 그 카드(Turn에서 보였던)와 함께 다시 셔플을 하고 Burn 할 필요 없이 다음 탑 카드를 River 카드로 사용한다.

⑤ 배팅이 완벽하게 이루어지기 전에 River 카드를 오픈할 시, 그 카드와 함께 Re-Shuffle을 하고 Burn 할 필요 없이 다음 카드를 River카드로 사용한다.

⑥ Burn을 하지 않고 Flop 을 한 경우, Flop된 카드들을 수거하여 다시 셔플한다.

⑦ Burn을 하지 않고 Turn 카드를 오픈한 경우, Turn된 카드가 Burn카드로 옮겨지며 덱의 탑 카드가 Turn 카드로 오픈 되어 진다.

⑧ Burn을 하지 않고 River카드를 오픈한 경우, f.의 경우와 같이 처리한다.

⑨ 딜러가 카드를 회수하여 다시 셔플 하는 경우

    a. 셔플이나 컷이 잘못 이루어졌을 경우
    b. 카드 받을 플레이어에게 잘못 Deal 되었을 경우
    c. 한 명 혹은 여럿 플레이어에게 적게 혹은 많은 카드가 Deal 되었을 경우
    d. 두 장 혹은 그 이상의 카드가 뒤집어지거나 공개되었을 때
    e. 첫 번째나 두 번째 카드가 뒤집어지거나 공개되었을 때

⑩ **박스카드(Boxed Card):** 카드가 뒤집어져 있는 경우를 말한다. 박스카드는 존재하지 않는 카드로 규정하며, 모든 플레이어들에게 카드를 보여 주고 다운하여 Muck(다운된 카드를 한 군데 모으는 것)처리한다.

⑪ 애매모호한 룰이나 판례에 없는 상황의 발생 시 관리자의 판단에 따른다.

텍사스 홀덤 게임 예 ①

텍사스 홀덤 게임 예 ②

카지노용어 해설

Ace (에이스)

① 표면에 단일의 표시를 가진 게임카드로 '불릿(Bullet)'이라고도 불린다. 에이스카드의 가치는 다양하여 포커게임(Poker Game)에서는 가장 높은 값과 가장 낮은 값으로 사용하기도 하고, 블랙잭게임(Black Jack Game)에서는 1점 또는 11점으로 사용한다.

② 주사위의 단 한 개의 점(1점)을 말하기도 한다.

Ace-Deuce (에이스-듀스)

크랩스(Craps)게임에서 최초의 '롤'이 3점으로, 주사위 눈의 하나는 1점, 다른 주사위 눈은 2점으로, '쓰리 크랩(Three Craps)'이라고 하며, 첫 번째 '롤(Roll)'에서 '에이스-듀스'가 나오면 게임자가 지게 된다.

Age (에이지)

에이블(Able), 에지(Edge), 엘디스트 핸드(Eldest Hand)라고도 불린다.

① 카드게임 테이블에서 딜러의 왼쪽에서 첫 번째 게임자를 지칭하는 말로 'A'라는 약자로 표기한다.

② 카드 플레이어로서 포커게임에서 핸드의 마지막 벳(Bet)을 정당하게 만들려는 행위를 말한다.

Agent (에이전트)

① 그의 시설에서 갬블을 시키려고 손님을 유혹하는 사람. 즉, 운영자의 대리인을 말한다. 또한 '로퍼(Roper)'

와 비교된다.

②카지노 딜러 또는 종업원과 공모하여 속임수를 행하는 사람으로 이 경우 공모자의 대리인이 된다.

③이득을 위해 고객을 유혹하여 부정한 게임을 하는 사람을 말한다.

All in (올인)

테이블 스테크(Stakes) 포커게임에서 '팟(Pot)' 안에 모든 돈을 밀어 넣는 게임자의 '멘트(Ment)'로서, 이 경우 '팟(Pot)' 안에 있는 금액에 대해서만 플레이하겠다는 뜻이다.

American Wheel (아메리칸 휠)

룰렛게임에서 싱글제로와 더블제로 넘버가 포함되어 있는 '휠(Wheel)' 즉, 1번부터 36번 그리고 0과 00가 있으며, 주로 미국, 남미, 카리브연안국, 국내에서 사용하고 있다.

Ante (앤티)

포커게임에서 핸드(패)가 돌아가기 전에 '팟(Pot)'에 칩을 베팅하는 금액 또는 카드 핸드를 시작하기 전에 '팟'에 추가하는 돈을 말한다.

Any Craps (에니 크랩스)

줄임말로 '에니(Any)'라고 부른다. 크랩스 게임에서 '프로포지션(Proposition)' 벳의 명칭으로 주사위 '롤(Roll)'이 2점, 3점, 12점이 나온 경우를 지칭한다.

Any Seven (에니 세븐)

크랩스게임에서, '프로포지션' 벳으로 주사위 '롤'이 어떤 형태의 '7'점이 나오는 경우를 지칭한다.

Apron (에이프런)

①딜러의 주머니를 가리기 위해 허리에 두르는 보호대로서 통상적으로 카지노의 로고가 새겨져 있다.

②테이블 레이아웃의 한 지역으로 지정된 베팅지역의 바깥 주변을 말하며, 룰렛 테이블에서는 '헬퍼(Helper)'가 작업하는 지역을 말한다.

Ax (액스)

①통상적으로 포커게임에서 갬블링 시설 유지비로 '팟(Pot)'의 금액 비율로 하우스가 가져가는 수수료를 말한다.

②누군가가 카지노에서 감원이나 해고당했을 때 사용하는 말이다.

Baccarat (바카라)

바카라(Baccarat)라고 읽으며, 이는 이탈리아어로 제로라는 뜻이나 현재는 '블루(Blue)-블러드(Blood)'의 대결이라는 게임의 이름이 되었다. 이 게임은 '플레이어 사이드'와 '뱅커 사이드(Banker Side)'가 각각 최소한 2장 이상의 카드를 가지고 '룰(Rules)'에 따라 9점에 가깝게 만든 점수로 승부하는 게임으로 10점 가치의 카드는 0으로, 10점이 넘는 수치는 10점을 뺀 수치로 그 값을 정한다.

Baggage (배기지)

① 게임은 하지 않고 갬블러들의 행위를 관찰하는 사람

② 그 자신의 능력으로는 돈을 지불할 수 없는 사람

위 모두 '럼버(Lumber)'라고도 불린다.

Ball Out (볼 아웃)

룰렛 휠의 '볼 아웃'은 '노-스핀(No-Spin)'을 뜻하며, 이는 볼이 휠 밖으로 튕겨 나가거나 그 밖에 '노-스핀'되는 상황을 표현하는 용어이다.

Banco (방코)

카지노게임의 바카라게임과 '쉬멩디퍼(Chemin-de-fer)'에서 '뱅크(Bank)'에 대해 사용하는 용어로 전체 뱅크에 동등한 벳을 만들기를 원하는 게임자에 의한 멘트를 뜻한다.

- Banco Suivi : 바카라게임에서 특히 플레이어의 사이드가 손실을 가진 후에 플레이어를 상대하여 오히려 뱅크에 베팅하는 행위를 말한다.

Bank (뱅크)

① 게임자 또는 딜러가 사용할 수 있는 돈의 총 금액

② 뱅킹게임이나 도박장에서 운용되는 돈

③ 머신게임에서 고객에게 코인을 교환해 주고 '잭팟(Jackpot)'을 지불해 주는 특정구역 내의 현금 총액

④ 칩스, 카드 등을 보관하는 사무실

Banker (뱅커)

① 페로, 블랙잭, 바카라와 같은 게임에서 게임을 진행하는 사람으로 카드를 딜링하고, 루징 벳(Losing Bet)을 가져오고, 이긴 돈을 지불하는 사람을 지칭한다.

②바카라게임에서 '뱅커 핸드(Banker Hand)'에 대해 카드를 뽑은 게임자에게 주어진 명칭

Banker Hand (뱅커 핸드)

바카라게임에서 딜링된 두 핸드 중의 한 핸드를 말하며, 다른 핸드는 '플레이어스(Players)' 핸드라고 불린다.

Bankroll (뱅크롤)

약자로 BR이라고 쓰며, 갬블링(Gambling) 시설 또는 카지노에서 게임의 자금으로 게임자의 착수금 또는 테이블의 딜러 앞 칩 트레이(Chips Tray, Rack) 안에 있는 카지노 머니(Chips)도 포함된다.

Bar (바)

①테이블게임에서 기술이 뛰어나 게임에 참여시킬 수 없거나, 문제를 발생시킬 소지가 있어 카지노에서 영원히 추방당한 게임자. 블랙잭게임에는 이러한 사람이 가끔씩 있다.

②크랩스게임에서 '돈 패스(Don't Pass)' 플레이에 '2' 또는 '12'가 나오면 '돈 패스(Don't Pass)'벳이 무승부가 되는 것을 '바(Bar)'라고 한다.

Barker (바커)

크랩스게임에서 고함치며, 손님을 끄는 사람이라 하여 '스틱맨(Stickman)'의 또 다른 호칭이기도 하다.

Basket bet (바스켓 벳)

아메리칸 룰렛게임의 레이아웃 상에 0와 00, 넘버 2를 커버하는 한 단위의 벳(Bet) 명칭이며, 약칭하여 '바스켓(Basket)'이라고 한다.

Bend (벤드)

카드게임에서 카드 속임수를 행할 목적으로, 카드를 가볍게 구부리거나, 접어서 표시를 만드는 작업을 말한다.

Bet(벳)

카지노의 게이밍에서 게임자에 의해 만들어진 판돈 또는 어떤 결과를 얻으려는 경쟁 목적물을 말한다.

- Bet Blind : 포커게임에서 카드를 보기 전에 내기에 거는 돈을 말한다.
- Bet Both Way : 크랩스게임에서 '패스라인'과 '돈 패스' 또는 바카라게임에서 '뱅크' 사이드와 '플레이어' 사이드를 동시에 베팅하는 것과 같은 베팅 시스템을 말한다.
- Bet Even Stakes : '페로' 또는 '21-게임'과 같은 게임의 모든 핸드의 베팅금액에 대한 1배 지불을 말한다.
- Bet on Muscle : 내기에 거는 돈을 지출하지 않고 구두 또는 신용으로 베팅하는 행위로 '콜벳(Call Bet)'이라

고도 한다.

- Bet Right : 크랩스게임에서 주사위를 '슈팅(Shooting)'하려고 '패스(Pass)'에 만드는 벳 '웨이저(Wager)'를 말

  한다.

- Bet the Dog : '레드 독(Red Dog)'카드 게임에서 '팟(Pot)'에 대는 동등한 금액의 '웨이저(Wager)'를 말한다.

- Bet the Limit : 하우스가 정한 게임규칙이 허용하는 최소, 최고 단위의 베팅금액을 말한다.

- Bet the Pot : 무제한 포커게임에서 '풀(Pool)' 안에 이미 베팅한 총 금액과 동등한 금액의 '웨이저(Wager)'

- Bet the Wrong : 크랩스게임에서 주사위를 슈팅하려는 자가 '패스(Pass)'에 벳을 만들지 않은 경우를 말한다.

Big Dick (빅 딕)

크랩스게임에서 10점이 위로 보이는 결과로 주사위를 던지는 것으로 포인트는 10이다.

Big Game (빅 게임)

주사위 또는 카드게임에서 고액으로 베팅되는 게임활동을 말한다.

Big Six Wheel (빅 식스 휠)

54개의 포지션과 함께 수직으로 세워져 있는 '행운의 휠(Wheel of Fortune)'이라고 부르며, 원래는 6개의 지역

에 베팅할 수 있도록 되어 있었다. 약칭으로 '빅 식스(Big Six)' 또는 '빅 휠(Big Wheel)'이라고 부른다.

Bingo(빙고)

① 같은 명칭의 게임에서 '위너(Winner)'를 큰 소리로 알리는 용어이다.

② '빙고 넘버'와 '빙고카드'를 사용하는 것으로 '로토(Lotto)'와 비슷한 게임으로 때때로 '빙고 팔러(Bingo Par-

lor)'에서 자선기금을 만드는 데 이용하는 게임이다.

Blind (블라인드)

① 포커게임에서 게임자가 카드를 집는 것을 허용하기 전에 딜러의 왼쪽에서 첫 번째 게임자에게 요구되는

벳(Bet)에 대한 용어

② 카드게임에서 '거짓 셔플(False Shuffle)'과 일정한 카드를 컨트롤하는 행위를 수반하는 속임수 행동을 일컫

는 말

Blind Hand (블라인드 핸드)

'블라인드-벳(Blind-Bet)'을 제공하는 특징을 가지는 포커게임에서 딜러의 왼쪽에서 첫 번째 위치의 핸드

Bluff (블러프)

　①포커(Poker)게임의 다른 명칭

　②어느 사람의 핸드가 부정확하게 전달되어, 그 핸드가 상대방에게 실제보다 가치가 많거나 또는 적게 생각
　　하도록 한다는 뜻의 단어

Bowl (보울)

　①룰렛 테이블의 한 부분에 설치된 오목한 모양의 나무로 된 휠의 받침대

　②크랩스게임에서, '슈터(Shooter)'가 다이스를 선택하기 위해 5개의 주사위를 보관 또는 담아놓는 용기. 이
　　는 스틱맨에 의해 슈터에게 건네지고, 슈터가 2개의 주사위를 선택하면 나머지는 회수하여 '보울(Bowl)'
　　안에 보관한다.

Box (박스)

　①주사위를 던지기 전에 어떤 위치에 있게 하거나, 흔들게 하기 위한 어떤 물체

　②블랙잭게임 테이블의 베팅하는 위치, 장소

　③블랙잭 또는 '페로(Fero)'게임에서 딜링하기 위해 준비한 '셔플-덱'을 지칭한다.

　④'드롭 박스(Drop Box)'의 준말로, 카지노에서 칩스와 교환한 현금을 넣는 곳으로 딜러가 위치한 게임 테이
　　블의 아래쪽에 부착한 철제 용기

　⑤크랩스게임에서 게임을 관리하는 사람에 의해 점유하고 있는 위치로 '박스맨(Boxman)'에 대한 위치를 말
　　한다.

BP (비피)

　'빅 플런저(Big Plunger)' 또는 '빅 플레이어(Big Player)'의 약자(略字)이며, 커다란 금액의 베팅을 만드는 사람인
　'하이 롤러(High Roller)'의 뜻과 같다.

Broke Money (브로크 머니)

　게이밍 시설(하우스) 또는 카지노에서 돈을 모두 잃은 게임자에게 주는 작은 금액으로, 집에까지 가는 교통
　비 또는 항공료를 말하며, '딩(Ding)'이라고도 한다.

Bubble (버블)

　①불법 갬블링게임에서 속임수를 당하였거나 잘 속는 사람

② 속임수를 행하는 자 또는 사기 행위를 하려는 자

Burn (번)

① 21-게임에서 게임을 시작하기 전에 덱(Deck)으로부터 '톱-카드(Top-Card)'를 게임에 사용하지 않고 제거하는 딜링 절차를 말한다.

② 갬블링에 의해 손실된 큰 금액의 총액

■ Burn the Dice : 크랩스게임에서 그들이 '롤링(Rolling)'과 동시에 주사위를 멈추게 하는 행위

■ Burn Out : 피해자들 사이에 너무 알려져 있어 더 이상 쓸모가 없어진 속임수 방법

■ Burn Up : 많은 게임자가 '패스 라인(Pass Line)'을 만들려는 경우, 그 주사위를 지칭하는 말 또는 화가 난 사람을 지칭하기도 한다.

■ Burnt Card : 싱글덱(Single Deck) 블랙잭게임에서 카드 덱의 아래쪽에 감추어진 반대로 된(앞면) 카드 또는 멀티 덱(Multi Deck)게임에서 딜러가 딜링 시작 전에 게임에 사용하지 않고 뒷면으로 버려진 카드

Burn and turn (번 앤 턴)

'홀덤' 포커게임에서 첫 번째, 세 번째, 여섯 번째, 일곱 번째 카드를 딜링하기 전에 팩으로부터 톱-카드를 제거하는 관행을 말한다.

■ Burn Card

① 포커 또는 21-게임에서 덱 위의 톱-카드를 팩에 있는 카드를 딜링하기 전에 옆으로 놓는 카드

② 블랙잭게임에서 덱으로부터 톱-카드를 딜링이 시작하기 전에 덱의 아래쪽에 두는 카드로 게임 진행 중 실수로 카드가 노출되었을 때도 카드를 '번(Burn)'한다.

Bust (버스트)

① 블랙잭게임에서 21의 점수 계산이 초과된 핸드 또는 카드에 있어서 가치 없는 핸드로 '버스트(Burst)', '브레이크(Break)'라고 한다.

② 블랙잭게임에서 원하였던 카드를 뽑는 것에 실패한 경우와 가치 없는 핸드를 가지고 마친 경우를 말하기도 한다.

Buy-in (바이 인)

① 카드 또는 주사위 게임에서 게임을 시작하기 전에 칩스와 교환된 돈의 총액

305

②게임을 하기 위하여 칩스를 구입하는 것

Cage (케이지)

카지노 케이지를 지칭하는 말로, 카지노 구내의 중심으로 칩스에 대한 환전, 돈의 계산 및 관리, 거래의 기록 등이 이루어지는 부서이다.

Call (콜)

포커게임에서 앞의 베팅금액과 동등하게 하고, 카드를 보기 위한 요구의 말

Call Bet (콜 벳)

게임자가 현금이나 칩스로 베팅하지 않고, 카지노 신용거래 또는 케이지에 보증금을 맡기고 베팅하는 것(이하 마커게임)으로 이는 단골게임자에게만 허락한다.

Callman (콜맨)

바카라게임에서 카드 또는 슈(Shoe)의 컨트롤에 대해 책임이 있는 카지노의 종업원으로, 딜링되는 카드에 대해 묻고, 뱅크와 플레이어 사이드에 대한 넘버를 발표하는 사람을 말한다.

Cane (케인)

크랩스게임에서 주사위가 던져진 후 그 주사위를 회수하려고 스틱맨에 의해 사용되는 버드나무, 등나무 또는 호두나무로 만든 도구로 '스틱(Stick)'이라고 부른다.

Canoe (카누)

룰렛게임에서 볼이 회전하면서 마지막 도착하기 전에 예측할 수 없는 번호에 떨어지도록 '휠(Wheel)' 안에 장치한 금속용기로 '스톱스(Stops)'라고도 한다.

Card (카드)

대부분 널리 사용되는 팩 또는 카드의 덱은 4가지 도안의 '슈트(Suits)'가 있고 그 슈트는 스페이드(Spade), 다이아몬드(Diamonds), 클럽(Clubs), 하트(Heart)로 나누며, 각 슈트는 13장이며 연이은 숫자 A~10과 J, Q, K의 그림카드로 구성되어 있다.

Card Down (카드 다운)

카지노에서 테이블로부터 떨어진 카드가 있을 때 딜러가 피트 보스(Pit Boss)에게 전달하는 말

Cashier (캐셔)

칩스를 현금화하는 환전소

Cash Out (캐시 아웃)

카지노에서 돈에 대해 칩스로 환전하거나, 갬블링게임으로부터 돈을 회수하는 것

Casino Host (카지노 호스트)

카지노 종사원으로 통상적으로 잘 알려진 갬블러 또는 전직 스포츠 스타로서, 공적인 신분으로 카지노 안에서 정규적인 게임자들과 교분을 맺으며 무료로 식음료, 엔터테인먼트, 크레디트(credit)를 알선해 주는 접객(接客) 역할을 하는 사람

Cheater (치터)

갬블링 게이밍 장소에서 어떤 부정직한 의도에 의해 이기려고 고안된 장치를 사용하거나, 게임의 룰을 위반하는 게임자

Chip (칩)

①체크(Check), 토큰(Token) 또는 현금 대신 사용되는 통화를 말한다. 한때는 칩스를 상아 또는 뼈로 만들었으나, 지금은 일반적으로 합성수지 또는 플라스틱(Plastic)으로 만든다.

②칩스는 현금 대용 통화(通貨)로 카지노 내에서는 현금과 동일한 가치를 가진다.

Chip Fill (칩 필)

카지노에서 테이블에 칩스를 다시 보충하는 것으로, 피트 보스는 카지노 케이지의 양식에 의거 칩스를 요청하면 요구되어진 칩스가 종업원에 의해 보내온다. 그 서류 또는 '칩 슬립(Chip Slip)'은 칩스를 받은 테이블에서 운반한 자와 딜러에 의해 서명된다.

Chips Tray (칩스 트레이)

게임테이블에서 칩스를 담아놓는 곳(Chips Rack이라고도 함)

Chute (슈트)

카지노 안에서 딜러가 칩스로 교환해 준 지폐를 넣는 게이밍 테이블 위의 드롭 박스의 홈(Slot)을 말한다.

Claim/Claimer (클레임/클레이머)

게임에서 내기에 걸지 않았으면서도 이기는 내기에 베팅하였다고 우겨서 지불받으려는 행위 또는 행위를 하

는 자 또는 부정한 슬롯 속임수 행위에 참여하여 실제로 '잭팟(Jackpot)'이라고 주장하는 것을 직업으로 여기는 자로 '콜렉터(Collector)'라고도 부른다.

Clubs (클럽스)

카드 팩의 4수트 중 하나. 각 점에 대해 검은색의 삼엽형이 있어 구별할 수 있도록 되어 있으며, '클로버(Clover)'라고도 한다.

Color for Color (컬러 포 컬러)

카지노에서 오리지널 벳(Original Bet)과 똑같이 만드는 것으로 같은 단위로 게임자의 벳을 지불하는 교육을 받은 딜러의 지불방식을 말한다.

Color Change (컬러 체인지)

게임 진행 중 고액의 칩스를 저액 칩스로, 저액 칩스를 고액 칩스로 바꾸는 것

Column (칼럼)

룰렛게임에서 레이아웃상에 세로로 12개의 넘버를 가지고 있는 3열(列) 중의 하나. 지불 배수는 2배(2 to 1)이다.

Commission (커미션)

바카라와 크랩스게임에서, 일정한 벳을 만들기 위해 카지노에 지불되는 '벳(Bet)'의 퍼센티지. 예를 들면, 바카라게임에서 뱅커 핸드에 1달러에 95센트를 지불하는 대신, 그 벳을 '이븐 머니(Even Money)'로 지불하고 나서 딜러는 5센트를 수거하는 것이다. 그 5센트를 '커미션(Commission)'이라고 부른다.

Comp (콤프)

카지노에서 평가된 고객에 대하여 무료로 식음료, 숙박, 교통편 등의 호의를 제공하는 것을 말한다.

Corner Bet (코너 벳)

룰렛게임에서 4넘버를 묶은 접합점이 있는 곳에 만들어진 웨이저로 '포 넘버 벳(Four Number Bet)'이라고 하며 지불 배당은 8배(8 to 1)이다.

Credit (크레)

고객에게 신용대출을 해주는 것

Credit Line (크레디트 라인)

고객에 대한 신용대출 한도

Cross Fill (크로스 필)

카지노에서 케이지로부터 칩스를 공급받지 아니하고 다른 어떤 게이밍 테이블로부터 칩스를 이동하여 채우는 활동을 말한다.

Croupier (크루피어)

딜러(Dealer)를 뜻하는 프랑스(French)어로서 룰렛, 바카라, 쉬멩디퍼 등의 게임에서 핸드를 나누어주는 카지노 종사원을 말한다.

Dead Card (데드카드)

해당게임에서 이미 사용된 카드

Deal (딜)

카지노에서 고객과 직접 게임을 하는 종사원의 행위

Dealer (딜러)

카지노 또는 게이밍 시설 즉, 카드 또는 주사위 또는 빅 식스, 포천 휠, 룰렛과 같은 게임 테이블이 있는 곳에서 게임을 운영을 하는 사람의 명칭. 프랑스(French)어로는 크루피어(Croupier)라고 한다.

Dealing (딜링)

카드게임에서 각 게임자에게 카드를 분배하는 행동을 말한다. 딜링은 카드를 분배하는 것으로 연속적으로 각 게임자에게 제공하여 카드를 소모하는 것이며, 이는 덱의 맨 위에서 한 장, 두 장 또는 세 장을 동시에 분배되어진 카드에 따라 딜러의 왼쪽에 있는 핸드의 게임자부터 시작하여 규칙적으로 게임을 진행시키는 것을 말한다.

Debone (디본)

카드 속임수 작업으로 나중에 뒷면에서 인지할 수 있도록 카드를 구부려놓는 행위로 카드를 '크림프(Crimp)' 한다고도 한다.

Deck (덱)

게임용 카드의 팩(Pack)을 말한다. 대부분의 갬블링게임에서 사용되는 4 디자인 또는 슈트로 구성된 한 덱은 52장으로 이루어졌으며 슈트(Suit)는 스페이드, 다이아몬드, 클럽, 하트이며, 각 슈트는 13장을 가지고 있고, 그 한 조(組)는 킹, 퀸, 잭, 10, 9 등의 아래 숫자로부터 A까지 행렬의 계수로 되어 있다.

309

Deuce (듀스)

2점을 가진 주사위면

Dice (다이스)

각 면에 1점에서 6점이 찍힌 2개의 정육면체의 주사위. 이는 36까지 숫자의 결합이 이루어질 수 있으며, 모든 승산과 확률은 이 숫자에서 계산된다.

Dice hustler (다이스 허슬러)

직업적인 크래스 게임자 또는 크랩스를 완성시키는 슈터를 말하며, 이 용어는 공통적인 표현기법 범위 안의 'Hustler'로 관련시켜 함축된 하나의 통용어로서 무시하거나 품위를 떨어뜨리는 말이 아니다.

- Dice Maker : 통상 진짜 주사위를 만드는 사람을 말한다.

- Dice-Man : '다이스 메커닉(Dice Mechanic)'이라고도 불리는 사람의 호칭으로, 종종 크랩스 딜러, 다이스 속임수꾼 또는 외부에서 가져온 부정한 주사위와 쉽게 바꿔치기할 수 있는 사람을 일컫는다.

- Dice Mob : 2명 또는 그 이상의 주사위 속임수꾼이 게임에 공모하여 작업하는 일단의 패거리

- Dice Pit : 카지노에서 크랩스 테이블이 설치된 지역. 만약 그곳에 2대 이상의 테이블이 있다면, 그 지역의 중간 사이에 고객이 서 있는 것을 허용하지 않는 곳이 '피트(Pit)'이다.

- Dice-Play : 주사위를 가지고 행하는 '플레이(Play)' 또는 갬블링게임을 말한다.

- Dice-Player : '다이서(Dicer)'라고도 불리는 다이스게임에 갬블을 하는 사람

- Dice Shark : 조작(造作)된 주사위에 의해 또는 한쪽으로 치우치게 또는 오류를 가진 주사위를 게임에 사용하여 속임수 행위를 하는 사람

- Dice Switch : 부정한 주사위와 정직한 주사위를 다이스게임 진행 동안 다시 제자리로 돌려놓으려 이동시키는 행위

- Dice Table : 크랩스게임을 위하여 사용된 14인치 높이의 벽으로 둘러싸인 슬레이트 외면 또는 목재로 고정시켰고 레이아웃 천(Felt)으로 특별히 디자인되었다. 벽 쪽 끝부분의 인테리어는 주사위가 빗나가게 하려고 물결모양으로 누벼 놓았다.

- Dice-Top : 각 면에 표시된 넘버를 지닌 정다각형 형태로 회전시켜 만든 맨 윗면

Discard (디스카드)

게임에 사용된 게임용 카드에 속하며, 그 팩은 '리셔플(Reshuffle)'될 때까지 옆에 준비해 둔다. 바카라게임, 블랙잭과 다른 게임에서 부수적으로 카드를 담는 용기의 명칭은 다양하게 사용되며, 이는 'Discard Bowl' 또는 'Discard Holder', 'Discard Rack', 'Discard Tray' 등이 있다. 포커와 같은 게임에서는 이와 같은 용기는 없으나, 사용된 카드를 놓는 자리를 'Discard Pile'이라고 한다.

Discard Holer (디스카드 홀더)

게임에서 이미 사용되었던 카드를 모아두는 통

Double down (더블 다운)

블랙잭게임에서 오리지널 벳의 금액만큼 벳을 증가시켜 카드 한 장을 받음

Double up (더블 업)

승(Win) 또는 패(Lose) 후에 정기적으로 벳의 사이즈를 '더블(Double)'로 만드는 것

Dozen (더즌)

룰렛게임에서 12개 넘버를 하나로 포함시킨 벳으로 1~12, 13~24, 25~36으로 지불은 2배이다.

E. O (이. 오)

룰렛게임에서, '이븐-아드(Even-Odd)'의 약자로 테이블에서 넘버로 사용되지 않는 지역이지만 '볼(Ball)'이 짝수 넘버가 매겨진 슬롯 또는 홀수 넘버가 매겨진 슬롯 안으로 들어갈 것인지, 아닌지만을 게임자에게 허용하는 베팅을 말한다.

Even (이븐)

룰렛게임에서 볼이 짝수 넘버로 매겨진 슬롯 안으로 떨어질 것으로 예측한 베팅으로 2, 4, 6, 8 등과 같은 넘버를 말한다.

Even Money (이븐 머니)

① 카지노의 21-게임에서 딜러가 가진 앞면 카드가 '에이스(Ace)'이고, 게임자의 첫 번째 2장의 카드가 '블랙잭(Blackjack)'일 때, 딜러가 다운카드를 보지 않은 상황에서 게임자의 요구에 의해 1.5배가 아닌 1배를 지불하는 것을 말한다.

② 그 벳에 동등한 금액으로 위닝하는 기회를 베터에게 제공하는 베팅상의 확률을 말한다.

Face (페이스)

게임용 카드의 앞면, 즉 카드내용을 나타내는 가치를 가진 면을 지칭한다.

Face Card (페이스 카드)

Jack, Queen, King과 같이 사람의 얼굴이 그려져 있는 카드로 그림카드라고도 하며, 블랙잭에서는 10과 같은 가치를, 바카라에서는 0과 같은 가치를 가지고 있다.

First Base (퍼스트 베이스)

블랙잭에서 맨 먼저 카드를 받는 플레이어. 마지막으로 카드를 받는 플레이어는 Third Base(서드 베이스)라고 부른다.

Fill (필)

카지노에서 카지노 케이지로부터 칩스를 가지고 테이블에 공급하는 것

■ Fill Slip : 카지노에서, 게이밍 테이블에서 카지노 케이지로부터 가진 칩스의 가치를 기록한 영수증 또는 넘버가 매겨진 양식으로 인도(引渡)된 칩스가 있는 곳의 '딜러'와 '피트 보스', '케이지' 내의 종업원에 의해 서명되는 서류를 말한다.

Fingering (핑거링)

게임용 카드에서의 속임수 행위 움직임으로, 손가락을 아주 조금 구부려서 게임카드에 표시하여 만드는 것

Float (플로트)

'칩 플로트(Chip Float)'라고도 불린다. 카지노에서 게임자들이 보유하고 있는 모든 칩스의 가치를 말한다.

Floorman (플로어맨)

카지노에서 어느 사람 또는 게임을 지켜보거나 관리하는 임무를 가진 경영자의 대리인으로서 '플로어맨(Floorman)'은 '시프트 보스(Shift Boss)' 또는 '피트 보스(Pit Boss)'에게 보고한다.

Floor Person (플로어 퍼슨)

테이블게임의 1차 감독자, 관리자

Fold (폴드)

포커게임에서 핸드로부터 물러나거나 핸드를 포기하는 행위를 말한다.

Four Number Bet (포 넘버 벳)

룰렛게임에서 4개의 넘버가 교차되는 지점에 칩스를 놓는 것에 의해 4넘버를 커버하는 벳으로 '코너 벳(Corner Bet)'이라고도 하며, 위닝 시 8배를 지불한다.

Four of a Kind (포 오브 어 카인드)

포커게임에서 같은 등급의 카드 4장을 가진 경우를 말한다.

Front Money (프런트 머니)

① 카지노에서 게임 테이블에서 필요한 만큼 인출한 돈과 카지노 케이지에 게임자가 예치한 돈을 말한다.

② 일정 기간의 갬블링 후에 상환하기로 약정하고 갬블러에게 대여한 돈

Full House (풀 하우스)

'풀 반(Full Barn)' 또는 '풀 보트(Full Boat)', '풀 핸드(Full Hand)'라고도 불린다.

포커게임에서 한 등급의 3장 카드와 다른 등급의 2장 카드를 가진 핸드를 말한다.

Gambler (갬블러)

무엇인가 가치 있는 것 또는 금전에 대한 이익을 가질 수 있는 기회의 게임에 참여하는 사람. 즉, 특별한 사건의 결과에 기회를 가지려는 사람을 말한다.

Gambling (갬블링)

카드 또는 주사위 게임, 경마 또는 경기와 같은 행사의 사건 결과에 대한 어떤 가치 또는 금전상의 모험(冒險)을 말한다.

Game (게임)

① 갬블링 게임(Gambling Game)의 줄인 말

② 경기 또는 모험을 수반하는 오락을 포함하여, 통상 돈을 위하여 행위가 이루어지는 것을 말한다.

Gamer (게이머)

게임자로서 또는 갬블링게임의 운영자로서, '게임스터(Gamester)'라고도 한다.

여성게이머인 경우는 '게임스트레스(Gamestress)'라고 한다.

Gaming (게이밍)

내기에 건 돈에 대한 승산의 게임활동을 말한다.

Girl (걸)

게임용 카드에서 슈트와 관계없이 '퀸(Queen)'카드를 지칭한다.

Grand (그랜드)

'G-note'라고도 하며, 1,000달러짜리 지폐를 말한다.

Greek (그리크)

'Grec'로도 표기하며, 카드게임의 속임수꾼 또는 직업적인 갬블러를 지칭한다.

Hand (핸드)

①카드게임의 시리즈(Series) 안에 '한 게임'을 지칭

②카드게임을 하는 동안 어느 게임자에 의해 잡혀 있는 카드

③카드게임을 하는 동안 카드의 한 세트(Set)를 보유하고 있는 사람

Hard (하드)

블랙잭게임에서 '에이스(Ace)'를 가지고 있지 않은 핸드 또는 '에이스(Ace)'를 11점으로 계산하지 않고, 1점으로 계산하는 핸드를 말한다.

High Roller (하이 롤러)

한 번에 많은 돈을 베팅하는 플레이어

Hit (히트)

갬블링으로 이겨 이익을 가지려는 행위. 21-게임에서 다른 카드를 줄 것을 딜러에게 요구하는 행위

Hold (홀드)

갬블링 시설에서 하우스의 총 수입금을 말한다.

Host (호스트)

카지노에서 고액을 소비하는 고객을 환대하는 경영자의 대리인으로 크레디트 체크를 정리해 주고, 식음료와 숙박을 무료로 제공한다.

House (하우스)

게임행위를 제공하는 갬블링(Gambling) 시설로서 '스토어(Store)' 또는 '조인트(Joint)'라고도 불린다. 카지노(Casino)를 지칭하는 말이다.

House Advantage (하우스 어드밴티지)

'하우스 에지(House Edge)' 또는 '하우스 오즈(House Odds)'라고 불린다.

갬블링 시설(Casino)에 유리한 승산, 갬블에 투자하였던 돈의 퍼센티지로 카지노 또는 갬블링 시설이 수익으로 보존하려는 기대치의 값을 말한다.

Insurance (인슈어런스)

블랙잭게임에서 딜러가 모든 게임자에게 세컨드 카드까지 딜링된 후에 딜러가 가진 앞면의 카드가 에이스일 때, 딜러가 21을 가졌다면 인슈어런스 벳에 대해 2배를 지불받는다.

Jackpot (잭팟)

슬롯 머신, 비디오게임, 빙고, 키노 또는 게임자에 대해 승산이 적은 게임에서 이긴 금액 즉, 거액의 상금을 말한다.

Joker (조커)

표준적인 한 덱 52장 카드에 추가되는 게임용 '엑스트라(Extra)'카드를 말한다.

몇몇의 게임에서, 특히 포커게임에서 변화를 주려고 조커를 '와일드카드(Wild Card)'로 사용한다.

Junket (정킷)

단체로 갬블링하려는 그룹이나 단체를 지칭하며, 주로 중국인들을 지칭한다. 또는 게임을 통해 커미션을 지불받는 방식을 말한다.

Keno (키노)

'차이니스 로터리(Chinese Lottery)'라고도 부른다.

80개의 넘버가 매겨진 볼(Ball)로 진행되는 게임

King (킹)

게임용 카드 구성 중에 가장 높은 순위의 '그림카드(Picture Card)'등급의 카드

Ladderman (래더맨)

바카라게임 테이블 근처에 높이 올려진 의자에 앉아서 게임의 과정을 지켜보는 종업원

Layout (레이아웃)

대부분의 테이블게임에 게임 구성에 적합하게 인쇄된 라사지 종류의 천

Maximum (맥시멈)

베팅할 수 있는 최대 한도액

Minimum (미니멈)

베팅할 수 있는 최저 한도액

Monte Carlo Wheel (몬테카를로 휠)

'유럽피언 휠(European Wheel)'이라고도 불린다. 0와 00를 가진 '아메리칸 휠(American Wheel)'에 대립하여 제로(0) 하나만을 가진 룰렛 휠을 말하며 36개의 넘버가 추가되어 있다. 휠의 역사는 싱글제로가 더 오래이다.

Natural (내추럴)

바카라게임에서 '플레이어(Player)' 또는 '뱅커(Banker)'에 딜링된 최초의 카드 두 장이 8 또는 9로 카운트되는 점수를 말한다.

Neighbors (네이버)

룰렛 레이아웃(Roulette Layout) 및 휠(Wheel)상의 번호끼리 인접한 번호를 말한다. 주로 5개씩 연결되어 있는 번호를 일컫는다.

Odd (아드)

룰렛게임에서 홀수번호가 당첨될 것을 예상하여 베팅하는 구역을 말한다.

Outside (아웃사이드)

룰렛게임에서 칼럼(Column)과 더즌(Dozen), 레드(Red)와 블랙(Black), 아드(Odd)와 이븐(Even), 하이(High)와 로(Low) 베팅을 할 수 있는 구역으로 구분되어 있다.

Over (오버)

블랙잭게임에서 '버스트(Bust)', 즉 21을 초과하는 숫자를 표현하는 데 사용되는 말이다.

Pack (팩)

게임용 카드의 덱(Deck)으로, 52장으로 구성되어 있다.

Pair (페어)

포커게임에서 같은 숫자 2장의 카드 패를 말한다.

Pay (페이)

베팅(Betting)한 만큼 동등하게 만드는 지불수단으로, 위닝(Winning)한 웨이저를 이전(移轉)하는 활동 또는 지불행동을 말한다.

Pay off (페이 오프)

어떤 위닝 웨이저에 대하여 지불되는 돈의 총 금액을 말한다.

Pay off Odds (페이 오프 아드)

어떤 벳을 지불하는 비율 즉, 배수를 말한다.

Pit (피트)

카지노에서 게이밍 테이블이 그룹별로 둘러싸인 지역

Pit Boss (피트 보스)

카지노의 경영조직체계에서, 여러 명의 플로어 퍼슨의 활동과 게임을 감독하는 피트에서 가장 상위의 게임감독자로 경영자를 대신하는 사람을 말한다.

Pit Clerk (피트 클락)

카지노에서 크레디트게임 규약, 필 슬립, 림카드 그리고 위조어음 등과 같은 것을 피트에서 기록하여 유지하는 것을 담당하고 있는 직원을 말한다.

Pizza (핏자)

바카라게임에서 세플링하기에 앞서 형식이 없이 카드를 믹싱(Mixing)하는 무작위방법을 말한다.

Player (플레이어)

한 게임의 결과에 모험을 거는 '베터(Bettor)'를 말한다.

Poker Face (포커 페이스)

얼굴 표정이 없는 카드 게임자를 지칭하는 말이다.

Progressive Jackpot (프로그레시브 잭팟)

① 슬롯 머신게임에서 각 코인을 가지고 증가시켜 총 금액이 '윈(Win)'할 때까지 게임된 것을 지불하는 것을 말한다.

② 캐리비언 스터드 포커에서 플러시(Flush) 이상 서열부터 배당금이 지불된다.

317

Rack (랙)

칩을 담아두는 용기로서 '테이블 칩 트레이(Table Chip Tray)'라고도 한다.

Raise (레이즈)

포커게임에서, 이전의 '베터(Bettor)'에 의해 만들어진 베팅금액을 더 올려서 베팅하거나 베팅금액을 늘리는
것을 말한다.

Rake (레이크)

갈퀴모양의 도구로 게이밍 테이블에서 칩 또는 돈을 한곳으로 모으기 위해 사용되는 도구

Rank (랭크)

카드의 서열과 관계되는 것으로 카드의 가치를 말하며, 포커 핸드의 페어(Pair), 2페어, 스트레이트(Straight) 등
의 순위를 말한다.

Riffle (리플)

카드의 덱을 섞는(Shuffle) 방법 중 한 덱(Deck)의 카드를 반으로 나누어 카드 모서리끼리 맞물려 있는 형태를
말한다.

Riffle Shuffle (리플 셔플)

덱의 반 안에 일부를 게임용 카드의 덱에 혼합시키는 방법으로, 엄지를 사용하는 두 팩(Pack)을 부채꼴 모양
으로 만드는 동시에 반 덱(Deck)을 함께 밀어 넣는 동작을 말한다.

Runner (러너)

카지노 또는 게이밍 시설에서 벳을 수용하는 사람의 입장으로 벳으로부터 웨이저 또는 다른 자료를 운반하
는 사람을 말한다.

Same Bet (세임 벳)

같은 베팅 지점에 그대로 다시 일정액수를 거는 것을 말한다.

Shift (시프트)

카지노에서 통상업무를 일일 8시간씩 3부로 나누고, 그중 한 부를 '시프트(Shift)'라고 한다. 보통 M(Morning),
D(Day), N(Night)으로 표기한다.

Shoe (슈)

바카라, 블랙잭, 페로 등과 같은 게임에서 사용되는 카드를 한 덱 이상 보유하기 위한 딜링 박스(Dealing Box)를 말한다.

Shuffle (셔플)

카드 또는 타일을 섞는 동작

Sleeper (슬리퍼)

테이블 레이아웃에 소유자가 불분명하게 남겨진 벳

Slot Machine (슬롯 머신)

기계에 부착된 핸들이나 버튼을 사용하여 게임한 후 그 결과에 따라 미리 정해진 배당표에 의해 시상금액이 지불되는 게임기

Split (스플릿)

블랙잭게임에서 같은 등급의 두 장의 카드를 가진 핸드로 게임자가 분리하는 것을 결정하여 그의 첫 번째 베팅금액과 동등한 가치의 금액을 베팅하는 것으로, 두 개의 핸드를 만들고 나서 분리한 핸드를 기본으로 각 카드를 받게 된다.

Spread (스프레드)

카드를 부채꼴 모양으로 펼치는 것을 말한다.

Square Bet (스퀘어 벳)

룰렛게임에서 4넘버가 인접한 곳에 금액을 놓는 것으로, 이는 한 단위의 칩으로 4넘버를 커버하는 베팅을 말한다. '코너 벳(Corner Bet)' 또는 '포 넘버 벳(Four Number Bet)'이라고 한다.

Squeeze (스퀴즈)

카드게임에서 카드 앞면의 내용을 읽으려고 천천히 손 안의 카드를 펼치는 동작이나 카드를 쪼이는 동작을 말한다.

Stay (스테이)

블랙잭게임에서 추가카드를 받지 않겠다는 게임의사 용어

Straight Bet (스트레이트 벳)

룰렛게임에서 1개의 번호 위에 단독으로 놓인 벳을 말한다. '싱글 넘버 벳(Single Number Bet)'이라고도 한다.

Stripping (스트리핑)

카드의 덱을 셔플하는 동작 중 하나로 리플이 끝난 후, 한 덱의 카드를 3번씩 나누는 동작을 말한다.

Suit (슈트)

카드의 한 그룹으로 디자인되어 사용하는 상징(Symbol)으로, 보통 게임용 카드는 스페이드(Spades), 다이아몬드(Diamond), 하트(Hearts), 그리고 클럽(Clubs)의 4슈트로 구성되어 있다.

Surrender (서렌더)

블랙잭게임에서 핸드를 포기하는 것으로 게임자는 보통 웨이저의 반을 건네주게 된다.

Thumb-Cut (덤-커트)

엄지손가락으로 칩을 커팅하는 것

Tie (타이)

게임의 점수가 동등하여 비기는 것

Tip (팁)

'토크(Toke)'라고 불리며, 서비스를 잘 수행해 준 대가로 고마움을 표시하려고 주는 칩

Toke (토크)

카지노 딜러 또는 다른 종사원에게 봉사를 해준 서비스의 감사 표시로 주는 '팁(Tip)'을 말한다.

Video Machine (비디오 머신)

릴(Reel) 대신 모니터가 장착되어 있어 버튼을 눌러 게임하는 기계

Wager (웨이저)

'벳(Bet)'이라고도 한다. 어떤 게임에 결과를 얻으려고 대거나 거는 돈

Washing (워싱)

셔플(Shuffle)을 하기 전에 카드의 뒷면(Face Down)만을 펼쳐놓고, 양손으로 카드를 섞는 동작

Wheel (휠)

룰렛(Roulette) 휠의 준말

부록

카지노게이밍 실무론

부록

[세계 23대 카지노-Top Of The World 23 Casinos]

Hotel & Casino	Casinos	Countries	Address
	Venetian Casino Resort	Macao	Estrada da Baía de N. Senhora da Esperança, s/n Taipa +853 2882 8888
	The Sands Macao	Macao	Cotai Strip Avenida de Amizade +853 883 388
	Wynn Las Vegas	USA	3131 Las Vegas Boulevard South Las Vegas, Nevada United States +1 888 320 7123
	Bellagio Hotel & Casino	USA	3600 Las Vegas Boulevard South Las Vegas, Nevada 89109-4339 United States +1 702 693 7111

Casino The Genting Highlands	Malaysia	Pahang Darul Makmur 69000 Genting Highlands Malaysia +60 3 610 22883
Le Grand Casino de Monte-Carlo	Monaco	Place du Casino 98000 Monte Carlo Monaco +377 92 16 3860
Spielbank Baden-Baden	Germany	Kaiserallee 1 76530 Baden-Baden Germany +49 722 302 40
Wynn Casino-Macao	Macao	Rua Cidade de Sintra NAPE Macao +853 889 966
Sun City Resort Casino Complex	South Africa	PO Box 2 Sun City South Africa +27 14 557 1000
Mohegan Sun	USA	1 Mohegan Sun Boulevard Uncasville, Connecticut 06382-1355 United States +860 862 8000

Conrad Jupiters Casino Hotel	Australia	Broadbeach Island PO Box 1515 Broadbeach, Queensland +61 7 5592 8653
Atlantis at Paradise Island Resort and Casino	Bahamas	1415 E. Sunrise Blvd. Ft. Lauderdale, FL 33304 Nassau, Paradise Island Bahamas +242 363 3000
Star City Casino	Australia	PO Box Q192 QVB Post Office Sydney, New South Wales Australia +61 2 9777 9000
Casino du Liban	Lebanon	PO Box 550 Maameltein Jounieh Lebanon +961 9 855 888
Casino Rama	Canada	PO Box 178 Rural Route Number 6 Orillia, Ontario L0K 1T0 Canada +705 329 3325
Metelitsa Entertainment Complex	Russian Federation	21 Novy Arbat Moscow 119019 Russian Federation +7 095 291 1130

325

Casino Via Veneto	Panama	Bella Vista El Cangrejo Calle D 55 Panama City Panama
Casino Lguazu	Argentina	Misiones Province Argentina +53 3757 498000
Seminole Hard Rock Hotel & Casino Hollywood	USA	1 Seminole Way Hollywood, Florida 33314 United States +1 866 502 7529
Borgata Hotel Casino and Spa	USA	1 Borgata Way Atlantic City, New Jersey 08401 United States +1 609 317 1000
Casino at The Empire	United Kingdom	5-6 Leicester Street London, England WC2H 7NA United Kingdom +44 203 014 1000
Sky City Casino- Auckland	New Zealand	PO Box 90643 Wellesley Street Auckland New Zealand +64 9 363 6000

	Casino de Tigre	Argentina	Calle Peru 1385 1648 Tigre Argentina +54 11 4731 7000

[마카오 카지노]

Macao Peninsula Casino
Casino Babylon [巴比倫娛樂場]
(853) 2823-2233
http://babyloncasinomacau.com
Fisherman's Wharf Avenida Dr. Sun Yat-Sen, Macau
Casino Casa Real [皇家金保娛樂場]
(853) 2872-7791
www.casarealhotel.com.
Avenida do. Dr. Rodrigo Rodrigues 1118, Macau
Club VIP Legend(Pharaoh) Casino [置地廣場 娛樂場]
(853) 2878 1781
www.landmarkhotel.com.mo
555 Avenida da Amizade, Macau
Casino Diamond [鑽石娛樂場]
(853) 2878-5645
http://www.ihg.com
Rua De Pequim 82-86, Macau

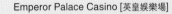

	Emperor Palace Casino [英皇娛樂場] (853) 2888 9988 www.grandemperor.com 1-6/F, Grand Emperor Hotel No.288 Av. Comercial Macau
	Casino Fortuna [財神娛樂場] (853) 2878 6333 http://www.hotelfortuna.com.mo No. 63 Rua de Cantao, Macau
	Casino Golden Dragon [金龍娛樂場] (853) 2872 7979 http://www.goldendragon.com.mo Rua De Malaca, Macau
	Grand Lisboa Casino [新葡京娛樂場] (853) 2828 3838 www.grandlisboa.com Avenida de Lisboa, Macau
	MGM Macau Casino [美高梅娛樂場] (853) 8802 8888 www.mgmgrandmacau.com Avenida Dr Sun Yat Sen, NAPE, Macau
	Casino Jimei [集美娛樂場] (853) 2822 8811 http://www.jimeihotels.com 956-1110 Avenida da Amizade, Macau SA

Casino Kam Pek Paradise [金碧涯彩娛樂場]

(853) 2878 6120

http://www.paradise-macau.com

1-5/F, Edf. Centro Commercial San Kin Yip No.
197-223 Avenida da, Amizade, Macau

Casino Lan Kwai Fong [蘭桂坊娛樂場]

(853) 2880-0888

http://www.macaulkf.com

Rua De Luis Gonzaga Gomes 230, Macau

Casino L'Arc(Le Royal Arc) [凱旋門娛樂場]

(853) 2880-8888

http://www.larcmacau.com

Avenida 24 de Junho, NAPE, Macau

Casino Lisboa [菊京娛樂場]

(853) 2888 3888

http://www.hotelisboa.com

2-4 Avenida de Lisboa, Macau

Casino Oceanus no Pelota Basca [回力海立方娛樂場]

(853) 8801 3388

www.oceanus-macau.com

Avenida do Dr. Rodrigo Rodrigues no.1470-1526, Macau

Casino Macau Palace [皇宮娛樂場]

(853) 2872-7988

http://www.macaopalace.com

Avenida da Amizade, Macau

Casino Ponte 16 [十六浦娛樂場]

(853) 8861-8888

http://www.ponte16.com.mo

Rua do Visconde Paço de Arcos, Ponte 16, Macau

Casino President [總統娛樂場]

(853) 2858 3888

www.hotelpresident.com.mo

355 Avenida Da Amizade, Macau

Casino Rio [利澳娛樂場]

(853) 28718 718

http://www.riomacau.com

Rua Luis Gonzaga Gomes, Macau

Sands Casino [金沙娛樂場]

(853) 2888 3388

www.sands.com.mo

Largo de Monte Carlo, No.203, Macao

Star World Macau Casino [星際娛樂場]

(853) 2838-3838

www.starworldmacau.com

Avenida da Amizade, Macau

Casino Waldo [華都娛樂場]

(853) 2888 6688

http://www.waldohotel.com

Avenida da Amizade, Macao

Wynn Casino Macau [永利娛樂場]

(853) 2888 9966

http://www.wynnmacau.com

Rua Cidade de Sintra, NAPE, Macau

Cotai Strip Casino

City of Dreams Casino [新濠天地娛樂場]

(853) 8868 6688

www.cityofdreams.com.mo

Estrada do Istmo, Cotai, Macau

Galaxy Macau Casino [澳門銀河娛樂場]

(853) 2888 0888

http://www.galaxymacau.com

Avenida de Cotai, Macau

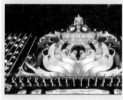

Casino Grand Waldo [金都娛樂場]

(853) 2888-6886

http://www.grandwaldohotel-macau.com

Avenida Marginal Flor de Lotus, Taipa, Macau

Casino Plaza [百利沙娛樂場]

(853) 8118 1927

http://www.theplazamacao.com

Estrada da Baía de N. Senhora da Esperança, S/N Taipa, Macau

Sands Cotai Central Casino [金沙城中心娛樂場]

(853) 2886 6888

http://www.sandscotaicentral.com

Estrada da Baía de N. Senhora da Esperança, s/n, Taipa, Macao

Venetian Macao Casino [威尼斯人娛樂場]	
(853) 2882 8888	
www.venetianmacao.com	
Estrada da Baía de N. Senhora da Esperança, s/n, Taipa, Macao	

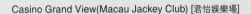

Taipa Casino

Altira Casino [新濠鋒娛樂場]	
(853) 2886 8888	
www.altiramacau.com	
Avenida Dr. Sun Yat Sen and Avenida De Kwong Tung Taipa Macau	

Casino Grand View(Macau Jackey Club) [君怡娛樂場]	
(853) 2883-2265	
www.grandview-hotel.com	
142 Estrada Governador Albano De Oliveira, Taipa, Macau	

Casino Greek Mythology [希臘神話娛樂場]	
(853) 2883-6011	
www.newcenturyhotel-macau.com	
Avendia Padre Tomas Pereira NO. 889, Taipa, Macau	

Casino Taipa Square [駿景娛樂場]	
(853) 2883 9933	
http://www.taipasquare.com.mo	
Rua de Chaves, Taipa, Macau	

Casino Marina [皇庭海景娛樂場]	
(853) 2883 3623	
www.mochaclubs.com	
Pousada Marina Infante, Avenida Olimpica, Taipa, Macau	

Casino Taipa [海島娛樂場]
(853) 2883 1234
http://www.regencyhotel.com.mo
Regency Hotel, 2 Estrada Almirante Marques Esparteiro, Taipa, Macau

[국내 카지노업체]

Walker Hill Casino

Address : 서울특별시 광진구 광장동 산21

Homepage : http://www.paradisecasino.co.kr

Telephone : 02-456-2121

Fax : 02-454-2121

Table Game	Table	Table Game	Table
Baccarat	43	Black Jack	19
Roulette	6	Caribbean Stud Poker	2
3 Card Poker	2	Texas Hold'em Poker	4
2 Card High Poker	1	Casino War	1
Tai-Sai	2	Big Wheel	1
Machine game	140		

7Luck Casino Seoul Gangnam

Address : 서울특별시 강남구삼성동 159 오크우드 프리미어

Homepage : http://www.7luck.com

Telephone : 02-3466-6000

Fax : 02-3466-6497

Table Game	Table	Table Game	Table
Baccarat	45	Black Jack	17
Roulette	7	Caribbean Stud Poker	2
3 Card Poker	2	Texas Hold'em Poker	2
Tai-Sai	1	Machine game	121

333

7Luck Casino Millennium Seoul Hilton			
Address : 서울특별시 중구 남대문로 5가 395			
Homepage : http://www.7luck.com			
Telephone : 02-2021-6000			
Fax : 02-2021-6129			
Table Game	Table	Table Game	Table
Baccarat	27	Black Jack	13
Roulette	11	Caribbean Stud Poker	4
Tai-Sai	2	Big Wheel	1
Seven Luck21	1	Machine Game	142

7Luck Casino Busan Lotte			
Address : 부산광역시 부산진구 부전동 503-15			
Homepage : http://www.7luck.com			
Telephone : 051-665-6000			
Fax : 051-665-6529			
Table Game	Table	Table Game	Table
Baccarat	14	Black Jack	10
Roulette	5	Caribbean Stud Poker	2
Tai-Sai	1	Big Wheel	1
Machine Game	70		

Paradise Casino Pusan			
Address : 부산광역시 해운대구 중동 1408-5			
Homepage : http://www.pusancasino.co.kr			
Telephone : 051-749-3310			
Fax : 051-742-9992			
Table Game	Table	Table Game	Table
Baccarat	19	Black Jack	5
Roulette	3	Caribbean Stud Poker	1
Three Cards Poker	1	Casino War	1
Machine Game	60		

Paradise Casino Incheon			
Address : 인천광역시 중구 운서동 2850-1			
Homepage : http://www.paradisecasino.co.kr			
Telephone : 032-745-8881			
Fax : 032-743-8688			
Table Game	Table	Table Game	Table
Baccarat	29	Black Jack	4
Roulette	1	Caribbean Stud Poker	1
Tai-Sai	1	Machine Game	32

Alpensia Casino			
Address : 강원도 평창군 대관령면 솔봉로 325			
Homepage : http://www.alpensiacasino.co.kr			
Telephone : 033-333-8828			
Fax : 033-333-8812			
Table Game	Table	Table Game	Table
Baccarat	9	Black Jack	3
Roulette	1	Tai-Sai	1
Caribbean Stud Poker	1	Big Wheel	1
Machine Game	42		

Daegu Inter-Burgo Casino			
Address : 대구광역시 수성구 만촌동 300			
Homepage : http://www.ibhotel.com			
Telephone : 053-222-3355			
Fax : 053-953-2008			
Table Game	Table	Table Game	Table
Baccarat	21	Black Jack	8
Roulette	4	Caribbean Stud Poker	2
Tai-Sai	1	Big Wheel	7
Machine Game	60		

		LVegas Casino	
		Address : 제주특별자치도 제주시 연동 291-30	
		Homepage : http://www.thehotelasia.com	
		Telephone : 064-741-8000	
		Fax : 064-746-4111	
Table Game	Table	Table Game	Table
Baccarat	22	Black Jack	2
Roulette	1	Caribbean Stud Poker	1
Tai-Sai	1	Machine Game	16

		Royal Palace Casino	
		Address : 제주특별자치도 제주시 삼도 2동 1197	
		Homepage : http://www.royalpalacecasino.co.kr	
		Telephone : 064-752-8222	
		Fax : 064-754-8859	
Table Game	Table	Table Game	Table
Baccarat	21	Black Jack	2
Roulette	1	Tai-Sai	1
Machine Game	15		

		Paradise Casino Jeju Grand	
		Address : 제주특별자치도 제주시 연동 263-15	
		Homepage : http://www.paradisecasino.co.kr	
		Telephone : 064-740-7000	
		Fax : 064-747-2122	
Table Game	Table	Table Game	Table
Baccarat	21	Black Jack	4
Roulette	2	Tai-Sai	1
Caribbean Stud Poker	1	Machine Game	62

Golden Beach Casino			
Address : 제주특별자치도 제주시 이도 1동 1691-9			
Homepage : http://www.hotelgoldenbeach.co.kr			
Telephone : 064-756-9999			
Fax : 064-756-9901			
Table Game	Table	Table Game	Table
Baccarat	22	Black Jack	2
Roulette	1	Tai-Sai	1
Machine Game	24		

The K Casino			
Address : 제주특별자치도 제주시 삼도 2동 1255			
Homepage : http://www.ramadajeju.co.kr			
Telephone : 064-729-8100			
Fax : 064-729-8554			
Table Game	Table	Table Game	Table
Baccarat	31	Black Jack	4
Roulette	2	Tai-Sai	1
Big Wheel	1	Machine Game	22

Paradise Casino Jeju Lotte			
Address : 제주특별자치도 서귀포시 색달동 2812-4			
Homepage : http://www.paradisecasino.co.kr			
Telephone : 064-731-2121			
Fax : 064-731-2114			
Table Game	Table	Table Game	Table
Baccarat	24	Black Jack	2
Roulette	1	Tai-Sai	1
Machine Game	20		

Majestar Casino			
Address : 제주도 서귀포시 중문관광로 72번길 75			
Homepage : http://majestarcasino.com			
Telephone : 064-730-1100			
Fax : 064-738-1177			
Table Game	Table	Table Game	Table
Baccarat	12	Black Jack	4
Roulette	1	Caribbean Stud Poker	1
Tai-Sai	2		

Beluga Ocean casino			
Address : 제주특별자치도 서귀포시 색달동 3039-1			
Homepage : http://www.hyattjeju.com			
Telephone : 064-730-7777			
Fax : 064-738-8736			
Table Game	Table	Table Game	Table
Baccarat	13	Black Jack	2
Roulette	2	Tai-Sai	1
Big Wheel	1	Machine Game	10

Kangwon Land			
Address : 강원도 정선군 사북읍 하이원길 265			
Homepage : http://www.high1.com			
Telephone : 1588-7789			
Fax : 033-590-6100			
Table Game	Table	Table Game	Table
Baccarat	88	Black Jack	70
Roulette	13	Poker	16
Tai-Sai	6	Big Wheel	2
Casino War	3	Machine Game	1,360

참고문헌

강만호, 카지노게임실무, 백산출판사, 2002.

강만호·이봉석·박성호, 카지노 실무론, 백산출판사, 2003.

고택운, 카지노 실무용어 해설, 백산출판사, 2007.

김정국, 카지노게임 운영실무, 대왕사, 2007.

육풍림·강만호, 카지노 실무 일본어, 세림출판, 2007.

임경인, 카지노 실기론, 대왕사, 2007.

George Mandos, Everything Casino Gambling, 1988.

Vic Taucer, Black Jack Dealing & Supervision, Casino Creations, Inc., 1993.

Vic Taucer, Learning to Deal & Supervise Baccarat with Art & Skill, Casino Creations, Inc., 1993.

Vic Taucer, Roulette Dealing & Supervision, Casino Creations, Inc., 1994.

저자소개

육풍림(陸豊林)

　　동국대학교 대학원졸업 호텔관광경영학 박사

　　영산대학교 대학원졸업 경영학 석사

　　1987년 부산파라다이스 카지노 입사(영업부)

　　1990년 홀리데인 인 크라운 프라자 카지노 입사(영업부)

　　1991년 오리엔탈 카지노 입사(영업부)

　　1999년 KAL 카지노 입사(기획·감사실 & 중국마케팅부)

　　2006년~현재 서라벌대학교 카지노과 교수/학과장

　　E-mail: yookpr@naver.com

　　Cafe: http://cafe.naver.com/acedealers

강만호(姜萬好)

　　1975년 중앙대학교 정치외교학과 졸업

　　1975년 인천 올림포스카지노 입사

　　1986년 미국 N.C.L 입사

　　1991년 오리엔탈카지노 입사

　　2000년 경북외국어대학 카지노과 전공 교수

　　2002년~현재 서라벌대학 카지노과 교수

　　E-mail: kang8141@sorabol.ac.kr

　　카페(다음): http://cafe.daum.net/kang8141(에이스딜러)

카지노게이밍 실무론

2010년 8월 25일 초 판 1쇄 발행
2014년 3월 5일 개정판 1쇄 발행

저 자 육 풍 림 · 강 만 호
발행인 진 욱 상 · 진 성 원

저자와의
합의하에
인지첩부
생략

발행처 📖 백산출판사

서울시 성북구 정릉로 157(백산빌딩 4층)
등록 : 1974. 1. 9. 제 1–72호
전화 : 914–1621, 917–6240
FAX : 912–4438
http://www.ibaeksan.kr
edit@ibaeksan.kr
biz@ibaeksan.kr

값 23,000원
ISBN 978–89–6183–303–5